VÍDEOS NA EDUCAÇÃO MATEMÁTICA

PAULO FREIRE E A QUINTA FASE DAS TECNOLOGIAS DIGITAIS

COLEÇÃO TENDÊNCIAS EM EDUCAÇÃO MATEMÁTICA

VÍDEOS NA EDUCAÇÃO MATEMÁTICA

PAULO FREIRE E A QUINTA FASE DAS TECNOLOGIAS DIGITAIS

Marcelo de Carvalho Borba
Daise Lago Pereira Souto
Neil da Rocha Canedo Junior

autêntica

EDITORAS RESPONSÁVEIS
Rejane Dias
Cecília Martins

REVISÃO
Bruna Emanuele

CAPA
Diogo Droschi

DIAGRAMAÇÃO
Waldênia Alvarenga

Dados Internacionais de Catalogação na Publicação (CIP)
(Câmara Brasileira do Livro, SP, Brasil)

Borba, Marcelo de Carvalho
Vídeos na Educação Matemática : Paulo Freire e a quinta fase das tecnologias digitais / Marcelo de Carvalho Borba, Daise Lago Pereira Souto, Neil da Rocha Canedo Junior. -- 1. ed. -- Belo Horizonte : Autêntica, 2022. (Tendências em Educação Matemática)

Bibliografia

ISBN 978-65-5928-136-7

1. Educação 2. Educação - Recursos de rede de computador 3. Freire, Paulo, 1921-1997 4. Matemática - Estudo e ensino 5. Professores - Formação 6. Tecnologia educacional I. Souto, Daise Lago Pereira. II. Junior, Neil da Rocha Canedo. III. Título. IV. Série.

21-95501 CDD-510.7

Índices para catálogo sistemático:
1. Vídeos didáticos na Educação Matemática : Estudo e ensino 510.7

Maria Alice Ferreira - Bibliotecária - CRB-8/7964

Belo Horizonte
Rua Carlos Turner, 420
Silveira . 31140-520
Belo Horizonte . MG
Tel.: (55 31) 3465 4500

São Paulo
Av. Paulista, 2.073 . Conjunto Nacional
Horsa I . Sala 309 . Cerqueira César
01311-940 . São Paulo . SP
Tel.: (55 11) 3034 4468

www.grupoautentica.com.br
SAC: atendimentoleitor@grupoautentica.com.br

Agradecimentos

Agradecemos a todos os pesquisadores abaixo que, embora não sejam responsáveis pelo conteúdo deste livro, colaboraram em alguma fase de sua elaboração com comentários e críticas.

Airton Carrião
Fernanda Martins da Silva
José Fernandes Torres da Cunha
Juliana Çar Stal
Júlio Valle
Telma Gracias

Nota do coordenador

A produção em Educação Matemática cresceu consideravelmente nas últimas duas décadas. Foram teses, dissertações, artigos e livros publicados. Esta coleção surgiu em 2001 com a proposta de apresentar, em cada livro, uma síntese de partes desse imenso trabalho feito por pesquisadores e professores. Ao apresentar uma tendência, pensa-se em um conjunto de reflexões sobre um dado problema. Tendência não é moda, e sim resposta a um dado problema. Esta coleção está em constante desenvolvimento, da mesma forma que a sociedade em geral, e a, escola em particular, também está. São dezenas de títulos voltados para o estudante de graduação, especialização, mestrado e doutorado acadêmico e profissional, que podem ser encontrados em diversas bibliotecas.

A coleção Tendências em Educação Matemática é voltada para futuros professores e para profissionais da área que buscam, de diversas formas, refletir sobre essa modalidade denominada Educação Matemática, a qual está embasada no princípio de que todos podem produzir Matemática nas suas diferentes expressões. A coleção busca também apresentar tópicos em Matemática que tiveram desenvolvimentos substanciais nas últimas décadas e que podem se transformar em novas tendências curriculares dos ensinos fundamental, médio e superior. Esta coleção é escrita por pesquisadores em Educação Matemática e em outras áreas da Matemática, com larga experiência docente, que pretendem estreitar as interações entre a Universidade – que produz pesquisa – e os diversos cenários em que se realiza essa educação. Em alguns livros, professores da educação básica se tornaram também autores. Cada livro indica uma extensa bibliografia na qual o leitor poderá buscar um aprofundamento em certas tendências em Educação Matemática.

Neste livro, os autores tematizam a produção e o uso de vídeos digitais e retomam a discussão sobre as fases das tecnologias digitais em Educação Matemática, que remete a outros livros desta mesma coleção. Em diálogo com as ideias de Paulo Freire, a quinta fase das tecnologias digitais é apresentada como uma resposta às demandas impostas pela pandemia da COVID-19, reafirmando o protagonismo do vídeo digital e a necessidade de lançarmos novos olhares para os enlaces entre as tendências em Educação Matemática.

*Marcelo de Carvalho Borba**

---

* Marcelo de Carvalho Borba é licenciado em Matemática pela UFRJ, mestre em Educação Matemática pela Unesp (Rio Claro, SP) doutor, nessa mesma área pela Cornell University (Estados Unidos) e livre-docente pela Unesp. Atualmente, é professor do Programa de Pós-Graduação em Educação Matemática da Unesp (PPGEM), coordenador do Grupo de Pesquisa em Informática, Outras Mídias e Educação Matemática (GPIMEM) e desenvolve pesquisas em Educação Matemática, metodologia de pesquisa qualitativa e tecnologias de informação e comunicação. Já ministrou palestras em 15 países, como convidado, tendo publicado diversos artigos e participado da comissão editorial de vários periódicos no Brasil e no exterior. É editor associado do ZDM (Berlim, Alemanha) e pesquisador 1A do CNPq, além de coordenador da Área de Ensino da CAPES (2018-2022).

Sumário

Introdução

> O *eu* antidialógico, dominador, transforma o *tu* dominado, conquistado, num mero "*isto*". [...] O *eu* dialógico, pelo contrário, sabe que é exatamente o *tu* que o constitui. Sabe também que, constituído por um *tu* - um não-eu –, esse *tu* que o constitui se constitui, por sua vez, como *eu*, ao ter no seu *eu* um *tu*. Desta forma, o *eu* e o *tu* passam a ser, na dialética dessas relações constitutivas, dois *tu* que se fazem dois *eu*. (Freire, 1987, p. 184, grifos no original)

Faz sentido um livro sobre vídeos? Afinal de contas, se o vídeo domina a comunicação seja na imprensa, nas campanhas políticas e, cada vez mais, na Educação, por que um livro? Não seria melhor um vídeo sobre a importância dos vídeos? Estas perguntas são válidas e certamente dividirão opiniões entre as leitoras e os leitores e mesmo entre aqueles que não lerem este livro. Haverá os que só consultam vídeos e os que veem outras possibilidades. Possivelmente, nós, utilizando diferentes modos de comunicação, iremos fazer um vídeo e uma *live* para falar sobre o livro.

Mas o que é um vídeo digital? Uma fala com imagem? Uma fala com imagem gravada e transformada em vídeo? Um vídeo digital é diferente do vídeo usual? Um filme é um vídeo? Vamos dialogar com vocês, leitoras e leitores, sobre perguntas como estas! Iniciemos com uma discussão sobre memória. Conforme afirma Lévy (1993), há diversas formas de estendermos a memória. Assim, a escrita e a escrita encadeada, organizada como um livro de autoria, configuram-se formas dessa extensão. Acreditamos que necessitamos do lápis, do papel e da escrita para uma longa demonstração ou argumentação em Matemática.

A oralidade também pode ajudar na extensão da memória. Os mitos, como os da Grécia Antiga, assim como a música, ao longo de toda a História, são maneiras de codificar, de "armazenar" informação e de repassá-la, propagá-la, transcendê-la às futuras gerações. Os vídeos digitais se tornaram, no século XXI, um misto de oralidade, escrita, imagens, filmagens, animações, muitas vezes acompanhadas de música, de uma maneira que nos atrai, nos mobiliza. Muitas pessoas, por exemplo, não contam mais piadas: elas mostram a piada no seu celular, na forma de videopiada.

Do ponto de vista teórico, falaremos de ressemiotização, de ressignificação, de multimodalidade como uma forma de buscar explicações do porquê de o vídeo ter se tornado tão importante para muitas áreas, inclusive para a Educação Matemática.

Os estudantes e professores já utilizam vídeos para tirar dúvidas há mais de uma década. Mas esta tendência tem se intensificado ao longo dos anos e, com o ensino remoto durante a pandemia, assistir vídeos se tornou uma "febre", seja para lazer, seja para estudo, seja para trabalho. Então este livro atesta a relevância do vídeo e, também, a importância dessa nova forma de comunicação síncrona/assíncrona chamada *live*! Se as palestras online já existiam, elas foram institucionalizadas a partir de 2020 e se tornaram um veículo de aproximação do livro, das ideias com encadeamentos mais extensos do que aquele, em geral, presente no vídeo digital. As *lives* são vistas ao vivo, como insinua a tradução do anglicanismo em nossa língua ("ao vivo"), mas cada vez mais são vistas após sua geração, assincronamente em relação ao momento de geração e "transmissão" da mesma.

A *live* pode ser comparada a um vídeo, ou talvez seja uma espécie de vídeo digital longo, sem cortes ou edições. E os filmes, que já existem há mais de um século e têm se tornado digitais, seriam uma forma de vídeo? Talvez sim, mas estes últimos já estão em uma outra categoria e recebem outro tratamento; são, em geral, gestados em um tempo mais longo, como um livro! E nas *lives* é possível fazer perguntas, no momento de debate, sobre livros, sobre artigos científicos! Há uma combinação entre tecnologias da inteligência, como já discutia Lévy (1993) há praticamente 30 anos.

Um livro sobre vídeos teria, assim, o papel de ser um veículo para refletir sobre o vídeo. Mas e a *live*? Sim. A *live*, a aula, ambas são meios para isso. Mas, como já disse Marshall McLuhan, o meio é a mensagem (McLuhan, 1994). Nós diríamos que o meio é também a mensagem, e junto com uma forma de organizar o conteúdo, de teorizar, de estabilizar, de sair da tela. Assim, o livro "seria" essa mensagem, o convite à teorização, a uma reflexão distinta daquela provocada por cada click, como já nos alertava Carr (2011) sobre a forma como a cultura digital impacta nosso cérebro. Mas, colegas, e o livro digital? Sim, ele pode ser lido na tela, mas é ainda um livro, foi pensando como livro e sua reprodução na forma digital é apenas uma mitigação para os problemas de entrega, e nem página numerada o livro digital tem ainda, tornando sua citação e referenciação algo ainda problemático. O livro – e, nesse sentido, somos conservadores – é de papel, assim como o vídeo é digital. Mas ambos, o livro e o vídeo, se transformam mutuamente. Como diria Pierre Lévy: as mídias (as distintas ecologias cognitivas que se originam delas) não substituem uma a outra, mas "se auto-organizam, se mantêm e se transformam" (Lévy, 1993, p. 144), ou "a sucessão da oralidade, da escrita e da informática como modos fundamentais de gestão social do conhecimento não se dá por simples substituição, mas antes por complexificação e deslocamento de centros de gravidade" (Lévy, 1993, p. 10).

Como nos lembra nosso colega João Frederico Meyer, docente da Unicamp, o fax acabou. Então, de fato, a ideia de Pierre Lévy tem que ser relativizada, mas, por outro lado, ela é importante. O papo e a conversa não acabaram, assim como o gesto e a escrita: elas se transformaram com as tecnologias digitais (TD), foram incorporadas e transformaram as mídias digitais, também.

Em três artigos escritos sobre a pandemia que assolou todo o mundo na virada do ano de 2019 para 2020, Engelbrecht *et al.* (2020),

Engelbrecht, Llinares e Borba (2020) e Borba (2021) argumentam a respeito das transformações provocadas na Educação Matemática por esse estado de coisas, e como as tecnologias digitais se apresentaram como a tendência em Educação Matemática que teria algo imediato a contribuir com demandas que emergiram com a crise sanitária. Os autores discutem os impactos da COVID-19 e apontam novas agendas para a Educação Matemática, afinal, a pandemia levanta novas questões. São apontados temas que nunca foram discutidos pela literatura em tecnologias e Educação Matemática – como a Educação Matemática online para crianças ou a importância direta dos lares em Educação Matemática no modelo vivenciado na pandemia por várias crianças.

Há indicativos, também, que muito da pesquisa já produzida não foi consultada no sentido de apoiar as práticas desenvolvidas nesse contexto de pandemia. Este livro é, no mínimo, o quarto desta coleção que lida com a tendência denominada Tecnologias Digitais em Educação Matemática, mas parece que a pesquisa influenciou indivíduos, professores e administradores em relevantes ações pontuais, mas não sistemas educacionais. Aqui fica uma questão de pesquisa para ser levada a fundo: qual a participação das pesquisas no ensino remoto emergencial? Se já temos quatro fases de tecnologias digitais em Educação Matemática (Borba; Scucuglia; Gadanidis, 2014), devemos ter ingressado na quinta fase, sem utilização consistente e apoiada em pesquisas, das tecnologias e práticas pedagógicas referentes às fases anteriores.

Os vídeos, por outro lado, já aparecem nos artigos supracitados – assim como em muitos outros – como um tema emergente de pesquisa. É possível antever que os vídeos podem ser uma forma de avaliar, de expressar Matemática, e mais ainda: ao ser divulgado, ele se torna um participante na produção de conhecimento de coletivos que o acessam em repositórios online como o YouTube. Em vez de provas e testes, é possível pensar em maneiras de envolver e avaliar alunos de forma mais flexível e qualitativa, com atividades em que os vídeos digitais se tornem parte de uma sala de aula de Matemática em transformação, sala esta que não mais cabe no modelo cúbico usual de uma sala de aula.

No primeiro capítulo, inicialmente resgatamos de forma breve as quatro fases das tecnologias digitais para discutirmos ao seu final o modo como compreendemos o desenvolvimento da quinta fase. Entretanto, as características dessa fase atual exigiram que fizéssemos um breve parêntese na escrita para relacionarmos a Educação Matemática com a visão de tecnologia digital e a concepção epistemológica que a permeia. Isso porque, a nosso ver, o vírus SARS-CoV-2, um ator não humano, transformou abruptamente as relações de uso das tecnologias digitais em todos os setores da sociedade, particularmente nos processos de ensino e de aprendizagem na Educação Matemática. Não é possível ignorar que tudo o que se passa com o vírus, como suas mutações, não nos afete, assim como não devemos desconsiderar que todas as medidas sanitárias e a produção de vacinas que tomamos afetam esse vírus. Há uma antropomorfização de atores humanos e coisas não viventes. Assim, as quatro primeiras fases são marcadas principalmente pelas tecnologias digitais e a natureza das atividades desenvolvidas, enquanto a quinta fase, cronologicamente associada à pandemia, tem como elementos principais a intensificação do uso das tecnologias digitais, o poder de ação (*agency*, em inglês) de atores não humanos e a hibridização da Educação Matemática a partir do poder de ação desse vírus.

No segundo capítulo, discutimos como os vídeos digitais e as *lives* influenciam a sociedade de forma geral e a Educação Matemática de modo mais específico. Resumidamente, enfatizamos as mudanças em relação às tendências de uso das tecnologias digitais que emergiram das necessidades sanitárias em virtude da pandemia. Abordamos o modo como o uso de vídeos digitais tem se transformado ao longo da história, principalmente com o advento dos festivais internacionais, nacionais e locais e o lugar de "agente pedagógico" que tem ocupado junto com os professores, jogando holofotes sobre a enorme capacidade transformadora desse coletivo (professores-com-vídeos) nos processos de ensino e aprendizagem da Matemática. Tudo isso sob eco nas ideias do patrono da Educação brasileira, Paulo Freire. Sobre as *lives*, destacamos que, embora antecedam a pandemia, elas foram impulsionadas de forma dramática pela necessidade do distanciamento físico, e estão sendo utilizadas nos mais diversos formatos:

como reproduções de palestras presenciais, entrevistas e rodas de conversas. Embora essas *lives* sejam transmitidas ao vivo, há também a gravação em vídeo, ou seja, podendo ser assistida a qualquer tempo e lugar. Pontuamos que as *lives*, assim como os vídeos digitais, permitem explorar multimodalidades – ou seja, modos qualitativamente distintos de combinar recursos visuais e sonoros – que expandem as possibilidades da linguagem matemática usual, de maneira que uma mesma ideia Matemática possa ser apresentada, discutida, explorada, argumentada, criticada de outras perspectivas.

No terceiro capítulo, lançamos luzes sobre as pesquisas que discutem a produção e o uso de vídeos digitais em Educação Matemática e o modo como o pensamento freireano se entrelaça a elas. Recorremos à história para buscarmos compreensões sobre os movimentos vividos na atualidade. Crises, resistências, tensões, avanços, retrocessos relativos à produção e ao uso de vídeos digitais são alguns aspectos preliminares que abordamos. Em seguida, apresentamos pesquisas que têm como foco os vídeos digitais e o YouTube, com ênfase nos aspectos pedagógicos apoiados nas ideias de Paulo Freire como a necessidade de criticidade, a não isenção em relação às condições sociais e culturais dos educandos e o respeito a suas tomadas de decisões. Na sequência, aprofundamos o olhar sobre os festivais de vídeos digitais. Subdividimos o texto em dois espaços: em um deles ajustamos nossas lentes para os festivais nacionais e a forma como eles se constituem como uma prática de liberdade defendida por Paulo Freire. Nesses festivais, os alunos são convidados por seus professores a produzir vídeos e se tornarem coautores dos próprios componentes curriculares. Já no outro espaço, reduzimos um pouco mais nosso zoom para olhar a curiosidade epistemológica que emerge nos festivais locais. Para fechamento do capítulo, trouxemos, em certa medida, um "sinal de alerta" – ou, freireanamente falando, um "grito de liberdade": a recusa à educação bancária presente nos vídeos produzidos nos cursos à distância de licenciatura em Matemática.

No quarto capítulo, convidamos as leitoras e os leitores a visitarem as perspectivas teóricas que são utilizadas em pesquisas com vídeos digitais. Logo no início, de forma bem resumida, apresentamos diferentes visões de tecnologias, das mais conservadoras até as mais contemporâneas. Na sequência, enfatizamos com um pouco mais de riqueza de detalhes aquela visão que defende a constituição de um sujeito epistêmico que transcende o ser biológico à medida que o compreende como uma formação coletiva de atores humanos e não humanos. Para tanto, mergulhamos nas raízes, ideias, conceitos presentes no construto seres-humanos-com-mídias. Ao longo desse capítulo, discutimos também como a visão de tecnologia que circunda esse construto se harmoniza com as ideias de Paulo Freire e os referenciais da teoria da atividade e da semiótica social. Cada um desses referenciais possui um espaço especial em que apresentamos o modo como essas teorias têm se desenvolvido e se consolidado, as contribuições de seus principais teóricos e como as análises de dados de pesquisas com vídeos digitais são com elas fundamentadas.

O quinto capítulo reservamos para os aspectos metodológicos de pesquisas que têm como foco os vídeos digitais. Iniciamos pelo método documentário, adaptado para a análise de filmes, o qual propicia a compreensão de fatores sociais, históricos e culturais que podem influenciar na forma como uma ideia Matemática é comunicada, sendo que os procedimentos metodológicos específicos para pesquisas com vídeos – como transcrição, interpretação formulada, interpretação refletida e análise comparativa – são descritos com detalhes. Na sequência, apresentamos os miniciclones de aprendizagens expansivas, que também constituem uma opção para abordagem analítica em pesquisas com vídeos. Essa perspectiva metodológica pode contribuir para pesquisas que têm a necessidade de explicar os movimentos que ocorrem no momento em que os vídeos digitais são produzidos e/ou utilizados com vistas à compreensão da aprendizagem.

No capítulo seis, procuramos provocar reflexões sobre o *poder de ação (agency*, em inglês*)* do vírus e como considerar questões que poderão se manifestar no futuro da Educação Matemática com o fim da pandemia. Sem nenhuma pretensão de fazer previsão a curto ou longo prazo, entrelaçamos três tendências – Tecnologias Digitais em Educação Matemática, Filosofia da Educação Matemática e Educação Matemática Crítica – com a pandemia do coronavírus e as discussões realizadas ao logo de todo o livro, desenvolvendo o articulado em Borba (2021). Sugerimos problemáticas para pesquisas que já se manifestam nas mudanças decorrentes do ensino remoto emergencial, como a Educação a distância online para crianças, o papel dos familiares nesse modelo, entre outras. Desigualdade social, *fake news*, crise sanitária, sobrecarga de trabalho do professor, lacunas em sua formação para o uso de tecnologias digitais também são temas que abordamos ao longo desse capítulo. Tudo isso pode ser considerado uma grande nova agenda de pesquisas que trará contribuições importantes para a Educação Matemática e, ao mesmo tempo, pode transcendê-la.

Finalmente, no sétimo e último capítulo, esperamos, de maneira criativa e sucinta, conectar as várias ideias discutidas ao longo do livro. Assim, neste livro, em linhas gerais, procuramos articular passado, presente e futuro para compartilhar com você, leitora e leitor: a evolução das tecnologias digitais na Educação Matemática; as contribuições dos vídeos digitais e das *lives* para as práticas pedagógicas em diferentes níveis e modalidades de ensino; os resultados de pesquisas preocupadas com os processos de ensino e aprendizagem com vídeos digitais e a popularização de festivais; os fundamentos utilizados e os avanços teóricos que têm emergido dessas pesquisas, assim como os principais procedimentos metodológicos adotados; a quinta fase das tecnologias digitais em conjunto com a visão de conhecimento-com-tecnologia que a permeia; além de levar à sua reflexão outras questões que nos afetam para além da própria Educação Matemática.

Capítulo 1

Tecnologias digitais e COVID-19: a quinta fase

Nacionalmente e internacionalmente, as *fases das tecnologias digitais em Educação Matemática* foram reconhecidas como tais com um livro - Borba, Scucuglia e Gadanidis (2014) - e um artigo - Borba (2012). Menos do que criar uma divisão rígida entre fases, ao nomeá-las havia uma intenção clara: mostrar que já havia história das tecnologias digitais na Educação Matemática. Havia, inclusive, perguntas sobre se elas teriam suas correspondentes em outras áreas de conhecimento, como no Ensino de Línguas ou Educação em Ciências, ou mesmo se poderiam ser caracterizadas da mesma forma em outros países. As fases foram apropriadas por parte da comunidade em Educação Matemática para falar sobre diferentes aspectos do uso de tecnologias digitais na "nova sala de aula de Matemática", ou mesmo para pensar em como as tecnologias digitais transformam ou são constitutivas da Educação Matemática.

A primeira fase seria aquela do milênio passado, marcada pelo *software* Logo e pela ideia de que a programação levaria ao desenvolvimento da inteligência em todas as áreas, em particular na Matemática. Os computadores chegaram de forma desigual às escolas na década de 1980-1990, e é dessa época uma iniciativa de peso, ainda pouco estudada: Paulo Freire se torna secretário municipal de Educação da cidade de São Paulo e, dentre outras realizações, leva computadores para diversas escolas da periferia de São Paulo.

A segunda fase, cronologicamente situada na virada do milênio, se caracteriza pelo *software* de conteúdo específico: sem necessidade de programação e com interfaces gráficas poderosas, *softwares* de função ou de geometria participavam da Educação Matemática. A dinamicidade dos *softwares* conduziu a uma transformação da Matemática escolar com a incorporação de termos como o "arrastar" ou a diferenciação entre desenho e construção geométrica, que se tornaram possíveis em um *software* de geometria dinâmica.

No início deste milênio, a presença da internet se massifica e transforma nossas vidas, desafiando visões que a queriam distante da escola, historicamente marcada pela oralidade e a escrita na lousa e no papel e pouco influenciada pelas pesquisas sobre informática na Educação, que já despontavam como uma tendência. É nesse contexto que surge a denominada terceira fase, trazendo consigo a Educação Matemática online. Essa modalidade educacional se torna tema de pesquisa emergente, como se pode ver em Borba, Gracias e Chiari (2015), que mostram a dinâmica de pesquisa e prática envolvida em um curso voltado para professores em serviço que foi o primeiro no Brasil a ser oferecido na modalidade online. Na referida obra, é afirmado que na virada do milênio apenas 7% das residências brasileiras tinham acesso à internet. Há cerca de dez anos – ou seja, já por volta de 2010 –, a Educação Matemática online consistia em uma modalidade educacional que, no Brasil, contava com cerca de metade das matrículas dos professores em formação inicial, por exemplo.

Na coleção que o presente livro integra, em 2007, já havia um livro sobre Educação Matemática online. Esse livro, com diversas edições e reimpressões que o atualizaram, teve sua quinta edição lançada em 2020, com um prefácio que relacionava a terceira fase com a pandemia (Borba; Malheiros; Amaral, 2021). A internet, no início deste milênio, ainda era diferente da que temos hoje, mas as possibilidades de enviar arquivos em PDF por e-mail, de sustentar uma interação com palavras via chat, de ter ambientes virtuais de aprendizagem (AVA) e alguma interação síncrona com som e imagem abriam novos caminhos. No livro acima citado, já era reportada a existência de cursos que não só utilizavam chats, mas também videoconferências. Enfim, Logo, *softwares* de conteúdo (Cabri, Winplot,

Graphmática, Geometricks etc.) e a internet foram os símbolos dessas três primeiras fases.

Contar a história das tecnologias digitais em Educação Matemática em fases foi uma ideia que emergiu de palestras apresentadas, principalmente, pelo primeiro autor deste livro. Da interação com os participantes e da busca por respostas às perguntas difíceis que eram lançadas foram surgindo *insights*, e a ideia das fases começou a ganhar forma. A palestra, marcada pela oralidade e o PowerPoint, convidava a todos para que - com perguntas na hora (participação síncrona) ou e-mails e mensagens enviadas pelas redes sociais (participação assíncrona) - participassem dessa inteligência coletiva, que inclui atores humanos e não humanos. Dessa forma, todos os participantes da inteligência coletiva dessas palestras - dentre pesquisadores, professores e estudantes, do campo da Educação Matemática ou de fora dele - são, de certa maneira, coautores da noção de fases das tecnologias digitais em Educação Matemática. Vale acrescentar que essa expansão da palestra a um público mais amplo que os participantes fisicamente presentes, favorecida pela ação das tecnologias da internet rápida, exemplifica as fases que antes eram três e passaram a ser quatro.

A quarta fase é associada a uma diferença qualitativa da internet. Houve uma mudança quantitativa com banda de fibras óticas e de redes sem fio, o que foi denominado de diversas formas, seja como Web 2.0, 3.0 ou internet rápida. Essa mudança em quantidade leva a uma mudança de qualidade e amplia a possibilidade de transformação em Educação Matemática. Todo esse processo evolutivo da internet e sua influência pode ser verificado, por exemplo, em Rosa (2015a; 2015b), que, baseado nas novas possibilidades de interação que o ciberespaço, consistente com as posições sustentadas neste livro, oferece à prática letiva em Educação Matemática, desenvolve a noção de *Cyberformação*. Tal noção consiste em uma maneira de compreender a presença das tecnologias da internet no processo de formação docente não como suportes ou auxílios, mas como um fator relevante. "Ou seja, como meio que interfere significativamente no processo cognitivo e/ou formativo de modo a ampliá-los ou potencializá-los" (Rosa, 2015b, p. 60-61).

Ademais, a internet rápida, símbolo da quarta fase, permitiu que o jovem YouTube – um repositório de vídeos, com capacidade "ilimitada" de armazenamento – virasse algo natural na vida de muitos. Não era fácil fazer um vídeo em 2010, e poucos celulares tinham, então, câmeras e capacidade de armazenamento. Mas já era razoavelmente fácil compartilhar um vídeo, e isso tornou possível que vídeos participassem também de aulas presenciais e online. Com o auxílio de estudantes que dominavam a produção de vídeos, essa tecnologia começou a ser parte do processo avaliativo já em 2010!

Estudantes, em geral, estudam com livros didáticos, mas os que fazem vídeos passam também a gerar um conteúdo didático que é compartilhado em plataformas como o YouTube (Domingues; Borba, 2021). A quarta fase, bem como a internet rápida associada a ela, transformou relações e pode ser vista, também, assim como todas as fases, como causadora de problemas: o excesso de informação, a ansiedade relacionada à "vida multitarefa" e o excesso de tempo de tela são problemas que devem ser estudados, e um equilíbrio deve ser buscado. Mas essa fase também é a que permite que "freireanamente" haja um diálogo horizontal, com os estudantes utilizando a mídia que os constituem como estudantes deste milênio e os professores que nasceram no século passado, mas vivem agora a incompletude característica do ser humano, como diria o mestre Paulo Freire. Professores, então, aprendem a lidar com essa forma de expressão e comunicação: o vídeo digital na Educação Matemática.

A internet rápida permitiu atualizações rápidas do GeoGebra online, permitiu, também, que o Logo, um tempo esquecido, voltasse com toda força enquanto ideia com aplicativos online que inspiram a programação como o Scratch, e que jogos, como o MineCraft, fossem utilizados em Educação Matemática. É ainda nessa fase que se verifica um movimento de pesquisas preocupadas em compreender como as, então "novas", possibilidades de toques na tela dos smartphones e o desenvolvimento de versões desses *softwares* para dispositivos móveis (Bairral, 2015), assim como as possibilidades de uso da gamificação na Educação Matemática são ampliadas (Prazeres; Oliveira, 2018). De certa forma, a quarta fase mescla e reinventa as demais, de maneira que a ideia de Lévy (1993) de que as mídias se ressignificam na presença de outras parece algo a ser tomado como base. Como já foi dito, mas ainda é fruto de incompreensão, as fases não são dicotômicas, não são conjuntos disjuntos, mas têm uma marca, uma característica marcante que imprime estilos da presença das tecnologias digitais em Educação Matemática.

Ao ler o título deste capítulo, a leitora e o leitor já devem estar fazendo a pergunta que foi feita já em 2018, mas que cresceu bastante a partir da pandemia da COVID-19: se a quarta fase foi anunciada em 2014, já não vivemos a quinta? Nas redes sociais são vários os professores pesquisadores que se perguntam sobre a quinta fase. Vários propuseram, nas palestras presenciais dadas pelos autores deste livro, que a repaginação da ideia de programar associada a aprender Matemática fosse essa característica; já outros propuseram que os vídeos digitais, nascidos na quarta fase, já fossem esse símbolo. De fato, todas essas respostas são possíveis, e não é impossível afirmar se o são ou não. Entendemos, porém, que elas não são tão marcantes como tecnologias como foram os símbolos das outras fases. Algumas delas sugerem a reinvenção de uma fase anterior dentro do contexto da fase atual. Mas, como é sugerido em Borba (2021), houve um ator, talvez não tecnológico, um vírus, algo que pode ser visto por biólogos como um ser não vivo, que mudou quantitativamente e qualitativamente o uso de tecnologias digitais.

Mas como pode um vírus ter poder de ação? Aliás, como pode um artefato, uma tecnologia, uma tecnologia digital ter poder de ação? Antes de avançarmos para a discussão de uma quinta fase, é necessário que adensemos a visão de tecnologia digital relacionando teoria do conhecimento (epistemologia) com Educação Matemática.

Seres-humanos-com-mídias ou seres-humanos-com-coisas não viventes

O título desta seção é uma tradução nossa de uma parte do título do artigo de Borba (2021) em que é discutida a ideia de que a metáfora seres-humanos-com-mídias poderia ser expandida. Desde Borba (1993), há uma concepção em gestação que propunha que a produção de conhecimento é compartilhada pelo humano e pela forma, pela mídia pela qual ela era expressa. A ideia de que a Matemática se metamorfoseava, transformava-se a partir da forma de expressão data de 1987, ou de um pouco antes, quando Borba (1987; 1988) propunham que a Matemática da favela se transformava, mostrava seu lado etno e se assumia como uma etnomatemática ao ser desenvolvida por uma comunidade com conhecimentos próprios, códigos próprios, diferentes daqueles que a Matemática, reconhecida como ciência, o fazia. Assim, a Matemática-com-oralidade da favela da Vila Nogueira São Quirino era moldada e se constituía como estrutura a partir dos interesses daquele grupo.

Detalhes dessa discussão podem ser vistos em Lévy (1993), referência apontada em um parágrafo anterior como tendo mais de 30 anos de existência. Para este livro, o importante era assumir que uma tecnologia, a oralidade (Lévy, 1993), moldava o conhecer. Desta síntese, surge a ideia em Borba (1993), que sem ter ainda lido Pierre Lévy propõe a ideia de que a informática modificava a Matemática. É claro que como as ideias aliadas, em seu tempo, havia e há coautores que lidam com ideias análogas. De todo modo, da vivência na favela com a oralidade (boa parte dos meninos e meninas e de seus familiares não eram alfabetizados), com a informática no primórdio da primeira e da segunda fase e das fases subsequentes, surgia a ideia, consolidada em Borba e Villarreal (2005), de que a construção de conhecimento é de humanos, mas também das mídias historicamente desenvolvidas e disponíveis. Villarreal e Borba (2010) desenvolvem tal ideia e mostram como a régua e o compasso foram coadjuvantes da geometria desenvolvida, como a abundância de papel no século XVIII é sócia das longas demonstrações feitas pelo que é hoje desenvolvido como matemática acadêmica. Nem de longe se quer tirar o mérito humano na Matemática desenvolvida com régua e compasso, com lápis e papel e muito menos com as tecnologias digitais. A Matemática é historicamente situada, é um produto do momento histórico, também influenciado pelas mídias disponíveis – mídia aqui entendida em sentido bem amplo.

Vem deste tipo de reflexão a noção de seres-humanos-com-mídias, a ideia de que são humanos e não humanos que produzem conhecimento. Humanos constroem mídias, e mídias constroem o que significa ser humano em um dado momento histórico. Se é difícil pensar em enxada ou biblioteca como mídia, no sentido amplo dito acima, é bem razoável pensar no celular como tal, e na forma como ele – desenvolvido por humanos com várias tecnologias disponíveis – transforma-se em tecnologia, em mídia que transforma o que significa ser humano. O quase trocadilho da frase anterior sugere que o "ser" humano "é" humano na medida, também, das mídias, das tecnologias que o circundam e o constituem como humano. Essa noção ganha compreensões distintas no trabalho de Santa Ramirez (2016), que propõe que o origami é mídia, ou o "doblado de papel" é a mídia, ou de Souto e Borba (2016; 2018), que propõem de modo ainda mais explícito do que Borba e Villarreal (2005) que a mídia é agente, tem *agency* – ou *poder de ação* na tradução que mais gostamos para uma palavra que não pôde ser traduzida por uma palavra apenas em português.

Seres-humanos-com-mídias enfatiza a ideia de que o conhecimento é uma construção coletiva de seres-humanos e de diferentes mídias. Um hibridismo que talvez seja a ideia de tantas correntes filosóficas que não viam o mundo sem o ser humano e nem o ser humano sem mundo para superar a discussão entre o idealismo e o realismo de Alfred Schutz (Bicudo, 1979; Wagner, 1979). O hibridismo epistemológico – talvez mais um – dilui as fronteiras e torna tão importantes as coisas construídas por humanos e os humanos que constroem coisas. A humanidade impregna as tecnologias, e de novo o celular (ex-telefone celular) é o melhor exemplo disso, assim como é a melhor ideia de como uma tecnologia transforma o que é ser humano.

É assim que o Logo participa da Educação de alguns na primeira fase das tecnologias digitais, é assim que o Winplot participa da Educação de outros, é assim que a internet participa, com suas diferentes facetas, da Educação daqueles da terceira e quarta fases. Não é coadjuvante, não é apenas um meio neutro: as tecnologias, as coisas, a disponibilidade das coisas condiciona o que vivemos. Essa ideia de que tecnologias da inteligência participam da vida ativa é comum também nas artes. O compositor e escritor Chico Buarque, no documentário sobre sua vida (Faria Jr., 2015), refere-se às músicas e aos livros como seres que participam e se colocam no mundo.

Músicas, tecnologias digitais, matemáticas passam a ter poder de ação após serem criadas, impregnadas de humanidade.

A quinta fase das tecnologias digitais

Este livro está apoiado na visão exposta anteriormente de que as tecnologias digitais têm poder de ação. A ideia pode ser estendida para a noção de que as coisas geradas pela tecnologia têm poder de ação. Assim, o argumento de que o carro, o avião tem poder de ação sobre o que fazem os humanos é razoável, mas pode parecer estranho quando essa coisa é um vírus. O poder de ação não deve ficar restrito ao humano? Como pode então um vírus, não humano, possivelmente um ser não vivo ter poder de ação? A discussão tem fundamento, e os próprios biólogos discutem se o vírus é um ser vivo ou uma coisa. A discussão sobre a diferença entre uma pedra e uma pedra lascada gerada para ser ferramenta extrapola os limites deste livro. Mais ainda, a discussão sobre se o vírus é ou não um ser vivo, um debate vivo dentro da Biologia, também vai além dos limites deste livro. Aqui, vamos assumir que ele é um ser não vivo como o avião, o computador, o celular.

Para a discussão desta obra, o importante é reconhecer que um vírus, o SARS-CoV-2, influenciou a presença de tecnologias digitais em Educação Matemática com uma intensidade que nenhum programa desenhado por humanos (ou humanos-com-tecnologias) alcançou. No Brasil, por exemplo, as iniciativas desenvolvidas pelo Ministério da Educação (MEC) junto ao Programa Nacional de Tecnologia Educacional (ProInfo), criado em 1997, que incluíram ações voltadas à formação de professores no sentido de integrar as tecnologias digitais à prática letiva, chegaram a produzir resultados relevantes, embora tenha contemplado um público reduzido (Borba; Penteado, 2001). Um exemplo é o Programa Um Computador por Aluno (PROUCA), lançado em 2010, que visa a inclusão digital de estudantes e professores de escolas públicas por meio da distribuição de computadores portáteis (Borba; Scucuglia; Gadanidis, 2014). No caso específico do estado de São Paulo, pesquisas desenvolvidas no âmbito do projeto "Mapeamento do uso de tecnologias da informação nas aulas de Matemática no Estado de São Paulo", realizadas no período de 2013 a 2017, mostram um cenário pouco satisfatório no que se refere ao uso de tecnologias digitais por professores de Matemática (Javaroni; Zampieri, 2019). O fato é que nenhuma das ações governamentais voltadas à promoção do uso educacional das tecnologias digitais, mesmo em países com dimensões geográficas muito menores que o Brasil, como o Uruguai, não parecem ter provocado efeitos tão contundentes como aqueles provocados pelo SARS-CoV-2.

As reformas propostas que incluíam e "priorizavam" as tecnologias digitais parecem nunca ter conseguido torná-las partes preponderantes da Educação Matemática. A convicção de que a Educação dos filhos deve ser a mesma que os pais tiveram, quando alunos, parece preponderar. Até que o poder de ação de um vírus modificou tudo. Pesquisas associadas às quatro fases das tecnologias digitais podem não ter sido tão utilizadas por professores. Mas, alguns meses após o vírus ter entrado em ação, muitas dúvidas começaram a surgir, a Educação Matemática se tornou online e, então, essas pesquisas já desenvolvidas despertaram novos interesses, tornaram-se mais relevantes e atingiram outro status, desde gestores até professores. Na verdade, uma metapesquisa, uma investigação que visse como as pesquisas (não) foram utilizadas carece de ser feita. Por outro lado, não se pode prever ao certo a forma como a Educação Matemática se desenvolverá, após a participação intensa das TD na educação: Voltaremos a ter a uma sala de aula como era em 2019? Ou haverá mudanças no tocante a participação dos meios digitais? Nós entendemos que algum tipo de marca das TD ficará, e novas pesquisas deverão ser desenvolvidas para documentar mudanças em diversos aspectos da educação escolar e universitária.

Em nível universitário, de graduação e pós-graduação, a "onlinização" da Educação foi total e praticamente instantânea. Na Educação Básica, os modelos variaram, e houve um aumento ainda maior da desigualdade social na medida em que algumas escolas tiveram Educação online e outras tiveram entregas de atividades e outras nada tiveram. A perda de vínculo entre alunos e escola precisará de certo tempo para ser compreendida e superada.

Mas parece razoável pensar que os grupos de WhatsApp não desaparecerão da Educação. Os grupos que permitiam a comunicação entre alunos e professores durante a pandemia, e que muitas vezes "enlouqueciam" professores que tentavam explicar geometria via teclado de celular. Parece não haver possibilidade de que, com o fim da pandemia, alunos e professores deixem de utilizar tecnologias digitais como o fizeram durante a mesma. Com a presumível volta ao presencial, é provável que alunos e professores exijam de administradores da Educação condições para uma onlinização, para uma hibridização da Educação. Antes da pandemia a Educação presencial já tinha várias facetas online, assim como a Educação online sempre teve facetas presenciais. E esse caminho parece ser irremediável na quinta fase. A hibridização da Educação já se apresenta na quarta fase, mas parece que será intensificada, mesmo com a superação da pandemia.

A hibridização a partir do poder de ação do vírus parece ser irreversível. Logo, Winplont, internet, internet rápida e SARS-CoV-2 parecem ser palavras-chave das cinco fases das tecnologias digitais em Educação Matemática. A intensificação do uso de tecnologias digitais na Educação Matemática durante a pandemia foi algo extraordinário do ponto de vista quantitativo. Colegas professores, em todos os níveis, foram forçados, devido ao poder de ação do vírus, a pensar em usar mesas digitais, ambientes virtuais de aprendizagem, redes sociais e vídeos para ensinar. Isso é bom ou ruim? Difícil responder, mas é certo que a situação pandêmica forçou a utilização das tecnologias digitais por todos, praticamente.

"Qual o motivo?" – perguntaria um atento pesquisador da teoria da atividade. Tais motivos são diversos. Certamente houve colegas utilizando tecnologias digitais para não perderem o emprego: a escola ou universidade, pública ou privada, obrigou-os à utilização. Outros, talvez, pensaram em uma possibilidade de desenvolvimento profissional, uma possibilidade de mudar, de dar vida à sua profissão de ensinar. De novo, este é um tema que esperamos que haja colegas pesquisando, seja na forma de autobiografia, de pesquisa participante ou de outra forma. Como ocorreu a participação das tecnologias digitais nas vidas de professores e professoras durante a pandemia?

É bem possível que em pesquisas emerja o tema da domesticação das mídias (Borba; Almeida; Gracias, 2018). Afinal de contas, as tecnologias digitais foram usadas de formas que as diferencia das tecnologias da inteligência anteriores (oralidade e escrita), ou foram utilizadas de forma domesticada, vinculada às práticas de escrita e oralidade? Como o primeiro cinema, que simplesmente "filmava" o teatro, os vídeos apenas "filmavam" os conteúdos das aulas na lousa? Esta discussão é rica, e de novo clama por pesquisas. Mas no momento emergencial, com motivos distintos e com participação das tecnologias digitais de forma diferenciada no ensino emergencial remoto, o uso domesticado ou não deve ser analisado, e não julgado.

Um professor sem formação nem desejo imediato de uso das tecnologias digitais (TD) em Educação Matemática e que foi forçado pelas circunstâncias a se aliar a essas tecnologias deve ser compreendido dentro das possibilidades. Uma outra professora interessada no uso de TD, mas que não dispunha de banda de internet em sua residência, transformada em local de trabalho, fez um uso domesticado talvez não por opção, mas porque era a única forma possível. Já um outro pensou originalmente nas possibilidades pedagógicas a partir das viabilidades de internet dos seus alunos.

Uma discussão pedagógica sobre o uso das TD em Educação Matemática não pode ser feita sem pensarmos nas imensas desigualdades sociais vivenciadas no Brasil e no mundo. Mais ainda, a quinta fase – cronologicamente associada à pandemia e ao poder de ação do vírus em relação ao uso das TD em Educação Matemática – ocorre num momento de grandes discrepâncias sociais. Conforme enfatizado em Borba (2021), as assimetrias cresceram exponencialmente com a pandemia, com o aumento de bilionários e uma alta imensa na taxa de desemprego, subempregos e outros aspectos.

Paralelamente a isso, conforme a relação feita por um vídeo digital produzido por estudantes, parece que estamos vivendo uma "epidemia" de *fake news* que se disseminam na mesma velocidade e intensidade do SARS-CoV-2, levando desinformação, gerando incertezas, desconfianças e sujeição, induzindo a tomadas de decisões e formação de opiniões equivocadas, consequentemente causando prejuízos em diversos aspectos. O vídeo em questão, que tem como título "Potenciação e Fake News", é uma produção dos alunos do 9º de uma escola da cidade de São Paulo, e foi um dos premiados na categoria Ensino Fundamental no IV Festival de Vídeos Digitais e

Educação Matemática. A Figura 1 a seguir ilustra uma das cenas do vídeo e traz o *QR Code* de acesso a ele.

Figura 1: *Frame* do vídeo "Potenciação e Fake News" e *QR Code* para acesso. Fonte: <https://youtu.be/cjtGtnU_3T8>. Acesso em: 9 dez. 2021.

Impossível olharmos esses movimentos e não resgatarmos a importância da proposta freireana de uma Educação como prática de liberdade que rechaça qualquer tipo de desigualdade e opressão, assim como as ideias da Educação Matemática Crítica que levantam a necessidade de se discutir a Matemática como algo intrínseco às questões sociais, culturais, políticas, ambientais, entre outras. Tal resgate, aliado aos estudos que buscam compreensões sobre como ocorrem os processos de aprendizagem com tecnologias digitais em diferentes modelos, parece ser um caminho possível para superar discrepâncias de modo que possamos ter uma Educação híbrida que envolva o lar. Assim, é importante pensar que a quinta fase aumenta o uso de TD de maneira tão superlativa ao ponto de gerar uma fase – embora o uso das TD tenha sido extremamente desigual, inclusive em nosso país.

Capítulo 2

Os vídeos e as *lives* na Educação Matemática e na sociedade

Em 2020, após mais de dezoito meses de discussões e reflexões coletivas, um sul africano, um espanhol e um brasileiro terminavam uma colaboração internacional. Os referidos pesquisadores atualizavam um estado da arte feito em 2016 (Borba *et al.*, 2016) sobre o uso de tecnologias digitais (TD) em Educação Matemática. Outros artigos em um número temático do *ZDM - Mathematics Education*, um periódico originalmente associado a Sociedade Alemã de Educação Matemática - que embora mantenha o vínculo original se tornou internacional - completavam o panorama traçado em 2020. O artigo de Engelbrecht, Llinares e Borba (2020) era o último a ser concluído nessa empreitada colaborativa, inclusive porque incluiria uma pequena seção sobre os outros artigos do número temático.

Qual não foi a surpresa quando, no momento de concluir a escrita do mencionado artigo, seus autores, assim como o mundo inteiro, viram-se apanhados de sobressalto com o advento da pandemia da COVID-19. As contingências impostas por essa crise sanitária forçaram os organizadores do referido número temático da *ZDM* a incluírem um editorial em tal edição: Engelbrecht *et al.* (2020). O editorial em questão focaliza as transformações impostas pela pandemia à Educação Matemática, principalmente no que tange à tendência em que o uso de tecnologias é tema de estudos.

Em Borba *et al.* (2016), são identificadas cinco perspectivas internacionais referentes ao uso de TD em Educação Matemática. São elas: o uso de tecnologias móveis ou portáteis; os cursos online de ampla abrangência (MOOC); bibliotecas digitais (repositórios online) e o design de objetos de aprendizagem; aprendizagem colaborativa usando TD; e formação continuada de professores por meio de aprendizagem híbrida. Estas cinco perspectivas trazem consigo as marcas que identificam a mencionada quarta fase das tecnologias digitais em Educação Matemática.

No referido estado da arte (Borba *et al.*, 2016), o uso de vídeos digitais é mencionado, em alguns casos, como um dos recursos das tecnologias portáteis, que incluem a possibilidade de fazer fotos e vídeos de fenômenos reais que depois podem ser analisados e discutidos do ponto de vista da Matemática. Em alguns cursos na modalidade MOOC relatados no mapeamento em questão, vídeos curtos sobre tópicos específicos da Matemática são utilizados como itens didáticos, enquanto em cursos híbridos voltados para a formação de professores em serviço há relatos nos quais a aula é filmada e o vídeo da mesma é utilizado como material de estudos. Porém, esse uso ainda incipiente e pontual dos vídeos digitais não constituía uma tendência, enquanto as *lives* eram, possivelmente, uma possibilidade inimaginável naquele tempo. A quinta fase era algo que só existia no horizonte das conjecturas.

O artigo Engelbrecht, Llinares e Borba (2020) avançou no mapeamento apresentado em Borba *et al.* (2016) em três temas-chave: princípios do design de oportunidades de desenvolvimento profissional e contextos de ensino de Matemática; interação social e construção de conhecimentos em meios digitais; e as possibilidades dos recursos digitais e como o seu uso é conceituado em diferentes contextos de ensino da Matemática, dado o surgimento de novas tecnologias e formas de ensino online da Matemática. Este último tema destaca o crescimento e diversificação do uso do vídeo digital em comparação com o mapeamento anterior (Borba *et al.*, 2016) e o surgimento das denominadas *lives*.

Engelbrecht, Llinares e Borba (2020) enfatizam que não foram apenas as tecnologias que se transformaram, mas também os alunos e professores e o ser humano, em geral. Os estudantes atuais cresceram em um mundo digital de computadores, internet e redes sociais online. Eles aprendem interagindo com outras pessoas online, usam novos meios de comunicação que definem como concebem o conhecimento e seu uso. Os alunos de hoje estão em contato frequente com seus amigos usando redes para compartilhar e criar novos conhecimentos, e podem colaborar de forma síncrona e assíncrona para tomar decisões e elaborar novas propostas.

A ideia de que humanos e tecnologias se transformam dialeticamente ao longo da história nos ajuda a discutir a maneira como o vídeo digital, antes utilizado de maneira pontual como um meio pelo qual o conteúdo era transmitido ou no estudo da prática docente a partir de filmagens da aula (Borba *et al.*, 2016), passou a assumir novos papéis nos coletivos seres-humanos-com-vídeos, em abordagens pedagógicas apoiadas na produção de vídeos por alunos.

A produção de vídeos e os festivais

Embora ainda não seja uma prática comum, a produção de vídeos por alunos nas aulas de Matemática tem crescido nos últimos anos (Engelbrecht; Llinares; Borba, 2020; Engelbrecht *et al.*, 2020; Borba, 2021). Esse crescimento tem sido corroborado por eventos, na forma de festivais, voltados à produção de vídeos por estudantes. Em âmbito internacional, temos o Festival de Performance Matemática no Canadá (Borba; Scucuglia; Gadanidis, 2014; Borba *et al.*, 2016), enquanto no Brasil se destaca o Festival de Vídeos Digitais e Educação Matemática, além de iniciativas como o Festival de Vídeos de Práticas de Ensino de Matemática (VPEM), promovido pela Universidade de São Paulo (USP), e os Festivais de Vídeos Estudantis, como o realizado pela Universidade Federal de Pelotas (UFPel), que explora vídeos produzidos por estudantes com temas diversos (Domingues; Borba, 2018; 2021; Domingues, 2020).

Por outro lado, revisões de literatura como as que foram desenvolvidas por Oechsler (2018), Fontes (2019), Domingues (2020), Neves (2020), Souza (2021) e Canedo Junior (2021) têm apontado que a realização de pesquisas referentes a essa temática ainda se concentra em poucos programas de pós-graduação e grupos de pesquisa, entre os quais se destacam o Grupo de Pesquisa em Informática, outras Mídias e Educação Matemática (GPIMEM) e o Programa de Pós-Graduação em Educação Matemática da Universidade Federal de Pelotas (PPGEMAT/UFPel), além de algumas pesquisas pontuais desenvolvidas nos cenários brasileiro e internacional.

O Festival de Vídeos Digitais e Educação Matemática[1] é realizado anualmente pelo GPIMEM, com apoio da Sociedade Brasileira de Educação Matemática (SBEM[2]), desde 2017. Uma das fontes de inspiração desse evento é o Festival de Performance Matemática no Canadá, que acontece desde 2008. Esse festival canadense – que foi o cenário da pesquisa de doutorado do professor Ricardo Scucuglia, membro do GPIMEM (Scucuglia, 2012) – tem o objetivo de divulgar a Matemática em uma linguagem que rompe com estereótipos, a partir de performances que conectam arte e Matemática (Scucuglia; Gadanidis; Borba, 2011). Já o nosso festival busca difundir e incentivar a produção de vídeos como prática pedagógica em Educação Matemática.

A produção de vídeos se apresenta como um enfoque pedagógico com o potencial de transformar a sala de aula e a própria Educação Matemática. A voz dos estudantes ganha destaque, uma vez que se tornam os autores – além de participarem, muitas vezes, como atores – dos vídeos digitais que produzem e com os quais comunicam temas matemáticos escolhidos por eles próprios, de acordo com seus interesses. Essa prática tem revelado o potencial de transpor a sala de aula, indo além dos contextos escolares e acadêmicos, ao favorecer que familiares e amigos dos estudantes e professores se envolvam nas diferentes etapas dos processos de produção de vídeos (Domingues, 2020; Domingues; Borba, 2018; 2021).

A terceira edição do Festival de Vídeos Digitais e Educação Matemática, que aconteceu em 2019, foi brindada com um belo exemplo do que estamos nos referindo. Um dos vídeos premiados nesse evento, intitulado "Mar de Lama: Modelagem na Educação Matemática", produzido por alunos dos anos finais do ensino fundamental sob a

[1] Ver mais em: <https://www.festivalvideomat.com>. Acesso em: 31 jan. 2021.

[2] Ver mais em: <http://www.sbembrasil.org.br>. Acesso em: 31 jan. 2021.

orientação da professora Petrina Avelar, tematiza a tragédia ocorrida na cidade de Brumadinho (MG) em janeiro de 2019, causada pelo rompimento de uma barragem de rejeitos de minérios que matou quase trezentas pessoas. O vídeo, que apresenta soluções Matemáticas para o problema do armazenamento de rejeitos, foi produzido por alunos e professores de uma escola próxima da localidade em que a tragédia aconteceu. A Figura 2 a seguir mostra uma das cenas, além do *QR Code* que permite assistir ao vídeo.

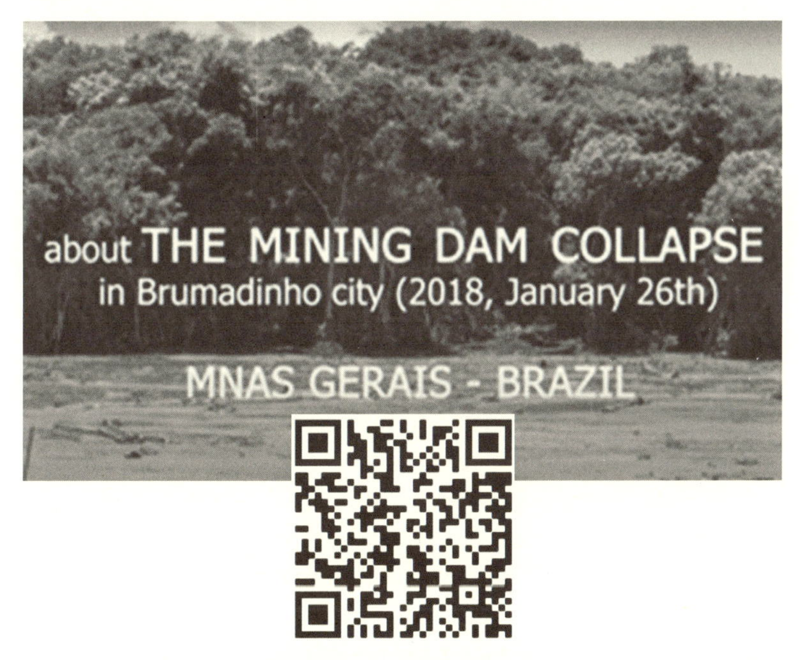

Figura 2: Frame do vídeo "Mar de Lama: Modelagem na Educação Matemática" e *QR Code* para acesso. Fonte: <https://youtu.be/YpCteGqjxd0>. Acesso em: 9 dez. 2021.

Essa participação dos estudantes na escolha dos temas a serem abordados não é algo novo nas práticas pedagógicas desenvolvidas e pesquisadas no GPIMEM. É nessa perspectiva, por exemplo, que a Modelagem Matemática tem sido tradicionalmente investigada no grupo, a partir do desenvolvimento de projetos de modelagem em que os alunos escolhem o tema a ser abordado matematicamente, permitindo a eles participar da construção do próprio currículo (Borba;

Villarreal, 2005; Meyer; Caldeira; Malheiros, 2019). A Modelagem Matemática, abordada em diferentes perspectivas, é discutida também por Meyer, Caldeira e Malheiros (2019). Estes autores compartilham experiências e convidam a reflexões sobre o uso da modelagem no cotidiano escolar, em sala de aula, com tecnologias digitais e outras tendências em Educação Matemática.

Ao permitir que os estudantes escolham os temas, a produção de vídeos se apresenta como uma prática ressonante com as ideias de Paulo Freire, uma vez que favorece a construção da autonomia por parte dos educandos (Freire, 1996). Além disso, os temas eleitos pelos estudantes não se limitam à Matemática, pois incluem questões de ordem ambiental, política, financeira, dentre outras. Nesse sentido, a produção de vídeos se constitui em uma abordagem interdisciplinar (Borba; Canedo Junior, 2020; Canedo Junior, 2021), em inter-relação com uma tecnologia que permite recursos como gestos, figurinos, imagens estáticas e em movimento, efeitos sonoros, humor etc., conferido uma multimodalidade qualitativamente nova à linguagem matemática usual (Domingues, 2021; Neves, 2020).

Essas possíveis inter-relações entre o uso de vídeos digitais e a Modelagem Matemática têm sido investigadas em pesquisas desenvolvidas no GPIMEM. A pesquisa de Domingues (2014), também discutida em Domingues e Borba (2017), mostra como alunos de uma disciplina de Matemática Aplicada de um curso de Biologia utilizam o recurso do vídeo digital tanto para obter informações como para apresentar os resultados de seus projetos de modelagem. Canedo Junior (2021), por sua vez, investiga a participação do vídeo digital em uma abordagem pedagógica em que um problema de modelagem é proposto com essa mídia (videoproblema de modelagem) e os alunos são desafiados a produzir um outro vídeo em forma de resposta (videorresposta de modelagem). Os resultados mostram como a maneira de combinar recursos nas cenas do vídeo digital influencia o fazer da modelagem, evidenciando como a multimodalidade dessa mídia pode moldar seu poder de ação (*agency*).

Os videoproblemas utilizados na pesquisa de Canedo Junior (2021), o terceiro autor deste livro, foram produzidos pelo próprio pesquisador com apoio da equipe do GPIMEM. Esses vídeos foram integralmente editados a partir de *softwares* e aplicativos de domínio gratuito, contêm filmagens realizadas com câmeras de smartphones nos quais a casa do pesquisador e o campus da Universidade Estadual Paulista Júlio de Mesquita Filho (UNESP) de Rio Claro são partes do cenário, e o filho do pesquisador, à época com 9 anos, aparece como personagem. Isso reforça o potencial do vídeo digital em transpor os contextos escolares e acadêmicos e evidenciar o papel dos lares na Educação Matemática, conforme discutido em Domingues (2020). A Figura 3 a seguir traz uma cena do vídeo e traz o *QR Code* de acesso a um desses videoproblemas, intitulado "Água: por um consumo consciente".

Figura 3: Cena do videoproblema "Água: por um consumo consciente" e *QR Code* para acesso. Fonte: CANEDO JUNIOR (2021).

A difusão da produção de vídeos por estudantes, assim como a própria relevância dos papéis das tecnologias da internet na Educação Matemática ganharam um novo impulso com o advento da pandemia da COVID-19. Para se ter uma ideia, as três primeiras versões do Festival de Vídeos Digitais e Educação Matemática (2017, 2018 e 2019), organizadas pelo GPIMEM, contavam com um evento presencial onde os jurados se reuniam e eram anunciados os vídeos premiados. Eram poucos os autores de vídeos participantes que tinham a oportunidade de comparecer a essa atividade de encerramento e interagir com seus pares, os jurados e os organizadores. Nas edições de 2020 e 2021, todavia, o referido evento presencial, no qual acontece a cerimônia de premiação, foi realizado em plataformas online, o que fez com que uma parcela considerável dos autores de vídeos participantes tivessem a oportunidade de interagir uns com os outros, com o júri e a equipe organizadora em momentos que propiciaram riquíssimas discussões.

A abrangência dos festivais de vídeos tem mostrado que a produção de vídeos pode impactar a sociedade como um todo, uma vez que não só alunos e professores, mas também familiares, amigos e outros atores dos contextos sociais em que os vídeos participantes são produzidos tomam parte nas diversas etapas do processo de produção (Domingues, 2020). Além disso, esses vídeos podem ser lançados em mídias sociais e repositórios online, no sentido de apoiar outros alunos, professores e membros da sociedade em geral na compreensão de temas matemáticos. A realização de *lives*, que se difundiram a partir de 2020 em razão da pandemia da COVID-19, contribuiu para a divulgação dos festivais e a expansão da produção de vídeos como possibilidade em Educação Matemática.

A "explosão" das lives

As *lives* constituem uma prática que se difundiu largamente, impulsionada pelas condicionantes impostas pela pandemia da COVID-19 a partir de 2020. O surgimento dessas apresentações ao vivo antecede a crise sanitária; basta dizer que mídias sociais como YouTube, Instagram e Facebook já ofereciam esse recurso interativo aos seus usuários. Porém, é inegável que a situação de isolamento físico promoveu inúmeras *lives*!

Uma *live,* em Educação Matemática, configura-se uma espécie de palestra online, com direito a participação de ouvintes que podem fazer perguntas via chat ou com sua *webcam*, dependendo da plataforma utilizada. Ela pode ser vista como um vídeo ao vivo, posto que sua gravação pode ficar disponível em uma plataforma para ser assistida posteriormente. Ela assume características de palestra, por permitir que o público participe, e tem abrangência semelhante àquela dos MOOCs, uma vez que alcança um número relativamente grande de pessoas.

Essas apresentações ao vivo e online começaram com artistas e foram para outros setores, dentre os quais a Educação Matemática. Um exemplo foi a série de *lives* denominada "Online Seminar Series on Programming in Mathematics Education", que foi organizada pelos pesquisadores Chantal Buteau (Brock University – Canadá) e George Gadanidis (Western University – Canadá), com apoio da Mathematics Knowledge Network e do Social Sciences and Humanities Research Council. A série contou com a apresentação de seis *lives* que tinham como tema Educação Matemática e programação. Um dos palestrantes foi o professor Ricardo Scucuglia, membro do GPIMEM, que apresentou a conferência "Computational Thinking and Humans-with-Media: Blocks, Fractals, and Music".[3]

O primeiro autor deste livro, que convivia com uma agenda em que palestras nos mais diversos locais do Brasil e do mundo eram uma rotina, tornou-se um adepto das *lives*. A maioria delas é transmitida no canal do GPIMEM no YouTube,[4] o qual configura-se um repositório de domínio público dos vídeos dessas apresentações, que podem ser acessados e assistidos assincronamente. Os temas dessas *lives* incluem tópicos como COVID-19, funções exponenciais, curvas sigmoides, curvas normais, desigualdade social, transmissão de vírus, fascismo no Brasil, a perspectiva anticientífica, a noção de seres-humanos-com-mídias e epistemologia, os quais se entrelaçam de forma interdisciplinar. A Figura 4 a seguir mostra a tela de uma dessas *lives* e o *QR Code* que dá acesso ao vídeo da mesma no canal do GPIMEM no YouTube.

---

[3] Sobre a série de *lives*, ver: <https://bit.ly/33XKvnv>. Acesso em: 31 jan. 2021.

[4] Disponível em: <https://www.youtube.com/gpimem>. Acesso em: 31 jan. 2021.

Figura 4: Imagem da tela de uma das *lives* apresentadas pelo professor Marcelo Borba e *QR Code* para acesso. Fonte: Canal do GPIMEM no YouTube, disponível em: <https://www.youtube.com/c/gpimem>. Acesso em: 9 dez. 2021.

A promoção dessas *lives* surgiu como uma forma de manter, durante a pandemia, a tradição do GPIMEM em promover ações educacionais que incluem cursos de extensão online (como o curso Tendências em Educação Matemática, que completa, em 2021, sua 15ª edição e o próprio Festival de Vídeos) e eventos científicos (encontros, conferências, simpósios, congressos, palestras etc.) com o intuito de compartilhar com a comunidade de educadores matemáticos os conhecimentos produzidos em nossas pesquisas. No início, as *lives* apresentadas pelo professor Marcelo Borba configuravam uma tentativa de reproduzir, no meio digital da internet, a tradição das palestras apresentadas em auditórios físicos, de forma que a participação do público se limitava a apresentar perguntas ao fim da apresentação com mensagens via chat. Contudo, esse formato foi sendo repensado, e o modelo de palestra foi dando lugar a entrevistas e rodas de conversa no sentido de promover interações em que o público deixa a posição de ouvinte e se torna participante e coautor.

Essas apresentações online, das quais outros membros do GPIMEM também participavam, contribuíram, por exemplo, para que compreendêssemos que a crise sanitária não apenas impulsionou a presença educacional das tecnologias da internet como também apontou para demandas curriculares em Educação Matemática. Uma delas é a necessidade de se desenvolver um pensamento exponencial desde os anos iniciais de escolarização, pois sem conhecer esse tipo de crescimento fica difícil compreender fenômenos relevantes como a propagação de uma pandemia, a disseminação das *fake news* e o processo crescente de endividamento das famílias brasileiras.

Ao permitirem a abordagem de temas sociais relevantes e a percepção de como a Matemática pode estar embutida neles, as *lives* surgem como uma possiblidade que vai ao encontro das preocupações da Educação Matemática Crítica, que, por sua vez, tem inspirações nas ideias de Paulo Freire (Frankenstein, 1983; Skovsmose, 1994; Borba; Skovsmose, 1997). Diante do exposto, compreendemos as *lives*, assim como a produção de vídeos, como tendo o potencial de favorecer uma Educação Matemática ressonante com a perspectiva freireana de Educação.

Produção de vídeos, lives, *Educação Matemática Crítica e a quinta fase*

Ao permitirem a abordagem de temas matemáticos e não matemáticos a partir de interações em que professores, alunos e o público em geral se tornam autores e/ou atores, as *lives* e a produção de vídeos se apresentam como práticas que vão ao encontro das preocupações da Educação Matemática Crítica, que tem a concepção freireana de Educação como uma das fontes de inspiração. Isto porque práticas dessa natureza favorecem o desenvolvimento de um letramento matemático que não contempla somente a assimilação dos conceitos e procedimentos algorítmicos (Frankenstein, 1983; Skovsmose, 1994), além de desafiarem a ideologia da certeza, que torna a Matemática uma linguagem de poder (Borba; Skovsmose, 1997).

Ademais, as *lives* e os vídeos digitais incluem recursos como imagens em movimento, filmagens, gestos, expressões faciais, efeitos sonoros, figurinos, música, dentre outros que se combinam à simbologia matemática no sentido de explorar possibilidades audiovisuais que dificilmente seriam possíveis com outras mídias, como o lápis e o papel, ou mesmo a tela de um *software*. A presença dessas mídias faz com que a produção de vídeos e a realização de *lives* assumam o potencial de moldar a produção de conhecimentos e a própria Matemática de formas qualitativamente novas (O'Halloran, 2011; Neves, 2020; Borba, 2021). Nesse sentido, o advento das *lives* e a expansão das práticas apoiadas na produção de vídeos surgem como possibilidades para o desenvolvimento de uma Educação Matemática em ressonância com as ideias de Paulo Freire em um momento em que o poder de ação de um vírus tem exigido transformações no que se refere à presença das tecnologias digitais na Educação, em geral, e na Educação Matemática, em particular.

É importante ressaltarmos que essa maneira de compreender o poder de ação do SARS-CoV-2 e as possiblidades educacionais das *lives* e dos vídeos digitais reflete a visão de conhecimento segundo a qual humanos constituem tecnologias (mídias) ao passo que são constituídos por elas ao longo da própria história da humanidade (Borba; Villarreal, 2005; Borba, 2012). É nessa perspectiva epistemológica que concebemos tais transformações como marcos da quinta fase das tecnologias digitais em Educação Matemática.

Contudo, é preciso ter claro que, enquanto a produção de vídeos começa a ganhar espaço na agenda de pesquisas tanto do GPIMEM (Oechsler, 2018; Oliveira, 2018; Silva, 2018; Fontes, 2019; Domingues, 2020; Neves, 2020; Canedo Junior, 2021; Souza, 2021) quanto de outros grupos e programas (Costa, 2017; Paraizo, 2018; Kovalscki, 2019), as *lives* configuram um advento novo em Educação Matemática, de forma que não temos o conhecimento de pesquisas voltadas para essa prática. Entendemos que uma das perguntas de pesquisa que surgem é sobre como as *lives* podem impactar a imagem pública da Matemática ao atingir um público mais amplo e diverso que o alcançado pelas aulas, seminários e palestras tradicionais. Compreender de maneira mais abrangente como a *live* pode contribuir com a Educação Matemática é uma demanda que se apresenta a pesquisas futuras.

Enfim, o "bum" das *lives*, assim como a expansão dos enfoques pedagógicos baseados na produção de vídeos e a crescente popularização dos festivais de vídeos, constituem eventos que, entre outros, anunciam a quinta fase das TD. Um momento histórico em que o poder de ação de um vírus tem se tornado proeminente e acelerado mudanças na Educação Matemática, assim como na sociedade em geral, inclusive no tocante à participação (*agency*) de novas tecnologias (mídias). E, no bojo dessas transformações, as concepções freireanas de Educação se reinventam e se redescobrem dialeticamente.

Capítulo 3

Paulo Freire e as pesquisas que discutem a produção de vídeos em Educação Matemática

Há mais de cinquenta anos, Anísio Teixeira anunciava uma "imensa revolução dos meios de comunicação", em que destacava um processo evolutivo que iniciou na "comunicação escrita pelo texto e livro e pelo jornal, ainda locais, e, afinal, pelo telégrafo, pelo telefone, pelo cinema, pelo rádio, pela televisão", que segundo ele, colocou os professores em crise (Teixeira, 1963, p. 12).

> É o mestre da escola elementar e da escola secundária que está em crise e se vê mais profundamente atingido e compelido a mudar pelas condições dos tempos presentes. E por quê? Porque estamos entrando em uma fase nova da civilização chamada industrial, com a explosão contemporânea dos conhecimentos, com o desenvolvimento da tecnologia e com a extrema complexidade consequente da sociedade moderna (Teixeira, 1963, p. 10).

As inquietudes e certezas de Teixeira (1963) parecem tão atuais; a Educação hoje está em crise. Nós professores estamos em crise, vivemos em um limbo, um permanente estado de indecisão, instabilidade e desequilíbrio que nos faz oscilar entre o desejo de mudanças e o medo de não saber como lidar com elas. E por quê? Essa não é uma resposta simples, trivial ou única, pois implica na análise de uma quantidade enorme de variáveis, elementos, conceitos. Mas, por outro lado, uma resposta possível talvez seja porque, a exemplo do que ocorreu em 1963, estamos vivendo outra explosão de conhecimentos alavancada pelo desenvolvimento exponencial de tecnologias, agora digitais, e ainda estamos buscando compreender como elas podem influenciar nos processos de ensino e aprendizagem. Toda a ansiedade discutida anteriormente é ainda acirrada desde que a pandemia provocada pelo SARS-CoV-2 nos fez refletir que mudanças podem ter que ser implementadas estejamos preparados ou não.

Naquela época, segundo Teixeira (1963), a Educação ainda precisava ser concebida e planejada para atender ao então chamado "novo cenário de expansão dos meios de comunicação". Era necessário, segundo ele, um "novo professor" que contribuísse para a formação do aluno considerando que ele (o aluno) tinha acesso a imprensa, rádio e televisão, ou seja, a uma "massa incrível" de informações em permanente estado de transformação.

> [...] com os recursos da televisão, do cinema e do disco podemos levar todos os jovens a ver e ouvir, [...] e, a seguir, com o professor da classe, desdobrar, discutir e completar as lições que grandes mestres desse modo lhe tenham oferecido (Teixeira, 1963, p. 13).

Ao sugerir o uso da televisão e do cinema em sala de aula, Anísio Teixeira (1963) pode ser considerado um pensador à frente do seu tempo que abordou a necessidade do uso de vídeos na Educação com preocupação no tocante às transformações que deveriam perpassar a formação do professor de modo a prepará-lo para aquele "novo" momento. De lá pra cá, é possível identificar movimentos nas pesquisas sobre essa temática que indicam que, embora essa preocupação sobre "como se deve ensinar" possa ser recorrente, ela está intimamente entrelaçada com outras questões relativas a "como se aprende". Afinal, é possível planejar o ensino se não há clareza sobre como o processo de aprendizagem ocorre?

Assim, entendemos como natural o surgimento de inquietações de modo a preencher possíveis "lacunas". Particularmente, nos parece autêntico e, ao mesmo tempo, instintivo o despontar de novas perguntas quando distintos atores não humanos, como os vídeos – que, até então, não eram analisados como protagonistas nos processos de ensino e de aprendizagem –, passam a fazê-lo. Pois pensamos com tecnologias e, portanto, suas possibilidades e restrições influenciam nas transformações desses processos. Com isso, queremos destacar que pesquisas que buscam compreender aspectos do uso, do papel que ocupa, da aprendizagem, seus desdobramentos e outros elementos que envolvem a participação de uma dada tecnologia devem ser analisados sob uma perspectiva situada.

O movimento dos vídeos digitais e seu caráter multimodal na Educação Matemática, suas preocupações, questionamentos e interrogações, até então nunca antes pensadas, começaram a se delinear em meados de 2004 com a chegada da internet rápida e como uma perspectiva presente na quarta fase das TD (Borba; Scucuglia; Gadanidis, 2014). De acordo com Domingues (2014), ainda era necessário preencher "espaços vazios" na literatura em relação ao uso de vídeos em aulas de Matemática, uma vez que as pesquisas publicadas naquele momento faziam abordagens muito amplas e "genéricas". Mais tarde, Borba e Oechsler (2018) apontam como uma vertente em pesquisas em Educação Matemática a produção de vídeos por alunos e/ou professores (Souza, 2012; Freitas, 2012; Domingues, 2014). Ao que parece, esse foi início do preenchimento de uma lacuna na literatura sobre o processo de aprendizagem que atualmente conta com maior número de pesquisas.

No entanto, apesar desses avanços na literatura, não podemos deixar de considerar que ainda há incongruência e descompasso entre os modos e a velocidade com que a tendência de uso de vídeos se apresenta em nossa vida pessoal e na Educação, em particular na Educação Matemática. No âmbito das ações cotidianas, com o celular, o vídeo aparece natural e recorrente, sendo que, no momento da pandemia, torna-se mais fluído e espontâneo quando são intensificadas as chamadas de vídeo – uma espécie de conversa por vídeo síncrona que pode ser vista como uma *live* realizada no privado – por aplicativos para estabelecer comunicações, organizamos momentos de lazer assistindo *lives*, participamos de reuniões comemorativas virtuais, produzimos pequenos vídeos para relembrar momentos e datas comemorativas que queremos eternizar ou para homenagear alguém. Todas essas possibilidades são, na verdade, estratégias que foram rapidamente construídas na tentativa de romper ou minimizar o isolamento social.

Nas atividades educacionais, o movimento é mais lento. Há décadas, Ferrés (1996, p. 9) já indicava essa lentidão e sugeria certa resistência ao afirmar que "as instituições escolares desperdiçam cada dia mais energia para preparar seus alunos para um mundo que já não existe". O autor se referia ao momento tecnológico vivido na época.

> Por intermédio dos meios de massa originados da nova tecnologia eletrônica, as imagens visuais e sonoras bombardeiam as novas gerações com uma contundência sem precedentes. Os meios de comunicação de massa se converteram no ambiente onde crescem as novas gerações. É por meio deles que acessam à realidade. Nossa visão de mundo, da história e do homem está intimamente ligada à visão imposta pelos meios de comunicação. A escola, no entanto, parece não se dar conta disso (Ferrés, 1996, p. 9).

Ao longo dessas décadas, observamos que a tecnologia eletrônica que era usada para comunicação em massa (Ferrés, 1996) se transformou, e agora ela é digital. Com isso, os ambientes de comunicação (internet) também ganharam novas possibilidades, como a de produção e interação entre seus usuários a todo momento e em qualquer lugar. Mas há algo que permanece: a certeza de que eles (ambientes de comunicação) continuam sendo o ambiente onde "crescem as novas gerações". Mesmo antes da pandemia, era maior o número de alunos que buscavam, para estudar, vídeos na "biblioteca internet" ao invés de livros na biblioteca usual (Soares, 2019). Os alunos já estudavam cálculo diferencial e integral e outros conteúdos com de vídeos (Souto, 2015b); é bem verdade que era de uma forma domesticada (Borba; Penteado, 2001) – ou seja, sem que todas as possibilidades de aprendizagem dessa mídia fossem exploradas. No entanto, isso indica que esse ator já estava batendo na porta da sala de aula há algum tempo.

Como as primeiras versões do cinema que filmavam o teatro, os vídeos digitais utilizados de forma domesticada apenas reproduzem uma aula dita tradicional, baseada fundamentalmente em resoluções de problemas fechados e com resposta única. A sala de aula parece levar mais tempo para aceitar e lidar com a presença de novos atores não-humanos, o que reflete a dificuldade em compreender o lugar que eles ocupam nos processos de ensino e de aprendizagem. Com a pandemia, esse prazo mais longo do qual, em geral, a escola precisa foi encurtado, e as possibilidades de uso dos vídeos, que antes pareciam apenas latentes ou até mesmo distantes, passaram a alavancar muitas tensões identificadas em questionamentos tais como: e agora, com o ensino remoto emergencial, nós professores teremos que ser *youtubers*?

Vídeos digitais e YouTube: à sombra de uma "nova" mangueira?

Sem pressupor que as tensões apresentadas anteriormente emergiriam algum dia, mas já vislumbrando as possibilidades do YouTube na Educação Matemática, autores como Freitas (2012) e Domingues (2014) já discutem as potencialidades educacionais dessa plataforma em suas pesquisas. De forma geral, eles buscam compreender "a presença" dos vídeos digitais em sala de aula. Vídeos são frequentemente utilizados como forma de praticar o humor, como propaganda, como forma de afeto, como caminho em campanhas eleitorais e também em Educação, apesar de haver, na sala de aula, um pouco mais de resistência devida à forte presença e ao histórico poder de ação de mídias como a oralidade e a escrita – com lousa, giz, lápis e papel. Com o advento do YouTube e de outras formas de armazenar publicamente os vídeos, eles passaram a ser utilizados de forma naturalizada por alunos. Embora, muitas vezes, a sala de aula não dispusesse de internet, os vídeos "entravam" nesse ambiente por meio das falas dos alunos (Domingues, 2014).

A preocupação com a criação, elaboração e execução de vídeos na plataforma YouTube em uma proposta de ensino baseada na metodologia de projetos que foi desenvolvida por estudantes foi o foco da pesquisa de Freitas (2012). Domingues (2014), por sua vez, considerou aspectos da multimodalidade (Walsh, 2011) e do construto seres-humanos-com-mídias (Borba; Villarreal, 2005) que buscam realçar o equilíbrio na participação de atores humanos e não humanos na produção de conhecimentos, ajustando as lentes para o protagonismo dos vídeos produzidos e postados nessa mesma plataforma. Para tanto, ele utilizou a Modelagem Matemática (Meyer; Caldeira; Malheiros, 2019) como enfoque pedagógico, deixando o conteúdo matemático emergir das problemáticas escolhidas pelos alunos.

Essas pesquisas nos inspiram e remetem a Paulo Freire por mais de um motivo, um deles sob os aspectos pedagógicos nos quais identificamos nuances das concepções freireanas. Tanto a metodologia de projetos usada por Freitas (2012) quanto a Modelagem Matemática empregada por Domingues (2014) sugerem a necessidade da criticidade, sempre considerando que o processo de comunicação não pode estar isento dos condicionamentos socioculturais (Freire, 2011). A modelagem como abordagem pedagógica sugere que a escolha de temas a serem investigados deve ser feita pelos estudantes de modo que eles possam compreender como conteúdos abordados em sala de aulas se relacionam às questões cotidianas (Borba; Malheiros; Amaral; 2021). E essa abordagem se harmoniza com a ideia de que "todo aprendizado deve encontrar-se intimamente associado à tomada de consciência da situação real vivida pelo educando" (Freire, 1967, p. 5).

Sobre os resultados, tanto Freitas (2012) quanto Domingues (2014) destacam aspectos relacionados às contribuições dos vídeos ao processo de aprendizagem. Freitas (2012, p. 86) afirma que o YouTube se apresentou como uma mídia interativa e que "o ato de construir vídeos matemáticos, além de revelar processos de descrição/expressão de ideias, proporciona a possibilidade de se contribuir com a aprendizagem por meio da mescla de conteúdo e criação". Para Domingues (2014, p. 8), o "uso do vídeo em aula foi visto, pelos alunos, como produtivo para a aprendizagem por apresentar características como: dinamicidade, boa didática, ilustração de processos, dentre outras". Além disso, o autor apresenta uma classificação sobre a forma como os estudantes compreendem o papel dos vídeos, por exemplo, como uma forma de expressar o conteúdo, uma forma descontraída de estudar, um meio de divulgação do tema, entre outras.

Desses resultados emergiram outro motivo que nos trouxe inspiração para refletirmos e conjecturarmos a partir das ideias discutidas por Paulo Freire em *À sombra desta mangueira*. Nos colocamos a pensar: seria a plataforma do YouTube a "mangueira" dos jovens deste século? Freire (2015) refere-se às suas memórias de infância e a como a sua geração cresceu à sombra de diferentes árvores: mangueiras, jaqueiras, cajueiros, pitombeiras. Ele descreve o modo como usava a sombra dessas árvores para estudar, brincar, conversar com o irmão ou apenas ficando horas sozinho. Para ele, "estar só" à sombra da mangueira foi uma forma que encontrou de "estar com", de estar no mundo. E, hoje, onde os jovens estudam, brincam, conversam ou apenas ficam sozinhos para perceber que "estão com", que estão no mundo? Seriam, então, plataformas como o YouTube, aplicativos como o WhatsApp, redes sociais como o Instagram e outras as "árvores" de nossos alunos ou de alguns deles?

Festival Nacional de Vídeos Digitais como prática de liberdade

As questões sobre a possibilidade de existência dessas "novas mangueiras", juntamente com os diferentes tempos da escola e da sociedade em relação ao uso das tecnologias digitais parecem formar, antes mesmo da pandemia, um grande "pano de fundo" para as pesquisas desenvolvidas no GPIMEM. Pesquisas sobre vídeos em sala de aula passaram a fazer parte das temáticas investigadas por seus membros há sete anos. Parte dessas investigações (e.g. Domingues, 2020; Neves *et al.*, 2020; Domingues; Borba, 2018) tiveram como cenário o Festival de Vídeos Digitais e Educação Matemática. A Figura 5 a seguir ilustra a tela inicial da página desse evento na internet.

Figura 5: Interface do site do Festival de Vídeos Digitais e Educação Matemática. Fonte: <https://www.festivalvideomat.com/>. Acesso em: 9 dez. 2021.

Esse festival, criado em 2017, não é apenas *lócus* de pesquisa, mas um espaço virtual que aproxima a sala de aula de toda a sociedade. Nas quatro edições do festival realizadas até 2020, a pedagogia dialógica de Freire (1968) associada às ideias de inteligência coletiva de Lévy (1993) inspiraram as estratégias pedagógicas: alunos, com a orientação de seus professores, eram convidados a produzir vídeos que poderiam, inclusive, resultar em parte do material a ser estudado, tornando-se, então, coautores do currículo escolar. Uma visão de tecnologia apoiada na noção de seres-humanos-com-mídias como agentes na produção de conhecimento e uma pedagogia dialógica serviram de alicerce teórico para pesquisas desenvolvidas no contexto do festival. O diálogo defendido como princípio fundamental pelo patrono nacional da Educação é também defendido como fundamental para uma Educação voltada para a defesa da democracia (Tiburi, 2015). Uma proposta pedagógica que integra vídeos é inclusiva ao contribuir para o diálogo intergerações, um tipo de diálogo quase sempre presente na Educação.

A Teoria da Atividade, em sua terceira geração, apoiada nas ideias de Souto e Borba (2016; 2018), Engeström (2001), Engeström e Sannino (2010) e Domingues (2020) foram pertinentes, nas pesquisas desenvolvidas no contexto do festival de vídeos digitais, por exemplo, para indicar os movimentos de produção de um vídeo, a forma pela qual diversos interesses, tensões, curiosidades e o uso de distintas tecnologias movem os participantes a fazer um vídeo e como tudo isso se relaciona com a aprendizagem. Isso porque ela engloba grande quantidade de componentes, aspectos, características que, embora muitas vezes distintos, se relacionam, tornando-a complexa. Silva (2019) argumenta que a aprendizagem de conceitos que ocorre durante a produção de vídeos tem como uma de suas características a resolução das contradições que podem surgir quando as tecnologias digitais participam da construção coletiva do raciocínio matemático.

Outros aspectos da aprendizagem, como os motivos que levaram professores e alunos a participarem dos festivais, podem ser observados em Domingues (2020), que investigou a primeira edição do festival realizada em 2017. Nessas diferentes edições, professores e alunos interessados na temática produzem vídeos conjuntamente e submetem ao referido evento através de seu site.[5] O autor destaca que sua pesquisa

> [...] compreende o movimento de imaginação, criação, negociação e realização do I Festival de Vídeos Digitais e Educação Matemática como sendo formado por coletivos de atores humanos e não humanos, os quais constituem uma complexa rede de Sistemas Seres-Humanos-Com-Mídias (Sistemas S-H-C-M). Esses sistemas, que compartilham elementos e ideias, permitem discutir, neste trabalho, as tensões vivenciadas por professores e alunos participantes do festival, bem como as adaptações necessárias, ocorridas durante o processo de produzir vídeos digitais com conteúdo matemático e de submetê-los ao evento (Domingues, 2020, p. 12).

Com esta citação, o autor enfatiza os fundamentos teóricos que sustentam suas análises, os quais se alinham com teorias de aprendizagem contemporâneas que englobam uma grande quantidade de elementos e/ou dimensões que, embora distintos, se relacionam, tornando a compreensão desse processo algo complexo (Souto, 2015a). O construto seres-humanos-com-mídias visto como um sistema de atividade propõe que se considere na aprendizagem as dimensões emocionais, sociais, históricas, culturais e que incluem novos modos de pensar, particularizados pelo "pensar com tecnologias digitais" (Souto, 2013). Com isso, verifica-se que nos sistemas S-H-C-M há, de certo modo, influência das ideias freireanas, uma vez que para Freire (2011, p. 63) "Educação é comunicação [...] e o processo de comunicação humana não pode estar isento dos condicionamentos socioculturais".

Buscando referenciais que pudessem contribuir para a compreensão desse emaranhado difuso, Domingues (2020) optou por entrelaçar as três situações e os três processos propostos por Skovsmose e Borba (2004), os quais se relacionam. São eles: situação corrente, situação imaginada, situação arranjada, imaginação pedagógica, organização prática e raciocínio exploratório. Interpretamos que com

[5] Disponível em: <https://www.festivalvideomat.com>. Acesso em: 31 jan. 2022.

essas combinações Domingues (2020) analisou movimentos de aprendizagem do I Festival de Vídeos Digitais e Educação Matemática como algo dinâmico, em que as situações e os processos não ocorreram de forma linear, pois houve a necessidade de mudança tanto das situações atuais como das imaginadas, sugerindo que situações arranjadas foram necessárias frente a novas realidades e desafios que emergiram.

A análise foi estruturada nos dados produzidos em entrevistas que representam diferentes trajetórias, tanto dos professores quanto dos alunos, quer sejam da Educação Básica quer sejam licenciandos em Matemática nas modalidades presencial e à distância, os quais constituíram um sistema S-H-C-M para cada entrevista, e quando considerados de forma conjunta formaram uma rede de sistemas. Domingues (2020) afirma que cada sistema constituído é uma unidade coletiva que teve suas particularidades, e que foram necessárias adaptações entre os participantes e a equipe organizadora do evento que decorreram de contradições internas da própria rede de sistemas. Parafraseando Borba e Villarreal (2005), o autor afirma que esses movimentos indicam que o primeiro festival moldou a sala de aula, assim como a sala de aula moldou o festival.

A respeito do ator vídeo, o autor identificou um relativo "poder de ação" (*agency*) dessa mídia na aprendizagem, o que a coloca em posição igualitária com os atores humanos (sujeitos) em alguns dos sistemas analisados. Esse aspecto analisado pelo autor, embora ele não o tenha feito com essa intencionalidade ou esse aprofundamento teórico, reverbera nos conceitos do construto seres-humanos-com-mídias que foi apresentado na virada de século para realçar o poder de ação das mídias. Kaptelinin e Nardi (2006) analisaram a possibilidade de estender o poder de ação para agentes não-humanos. Para tanto, os autores fizeram um comparativo da capacidade de produzir efeitos, agir e realizar intenções de diferentes agentes: coisas naturais; coisas culturais; seres vivos não-humanos (naturais); seres vivos não-humanos (culturais); seres humanos; e entidades sociais.

Com base nessa análise, os autores argumentam que o poder de ação não deve ser considerado como um atributo binário, presente ou ausente em qualquer caso, mas sim em diferentes níveis. Kaptelinin e Nardi (2006) sugerem três dimensões de poder de ação (*agency*):

(i) baseada nas necessidades: a ação é movida por necessidades biológicas e culturais; (ii) delegada: quando as coisas ou seres vivos agem ao perceber intenções que são delegadas por alguém ou outra coisa; (iii) condicional: ação de qualquer coisa ou qualquer pessoa que produz efeitos indesejados.

Outro aspecto destacado por Domingues (2020) foi a linguagem matemática presente nos vídeos e no discurso dos participantes. Para o autor, ela se manifestou como algo flexível, com certa plasticidade e humor, podendo favorecer a transformação da imagem pública da Matemática, que não raras vezes é vista como algo frio, sem sentido ou conexão com a realidade e, portanto, de difícil compreensão.

Esse autor destaca ainda que os vídeos digitais produzidos para o I Festival de Vídeos Digitais e Educação Matemática devem ser considerados mídias multimodais por propiciarem múltiplas formas e combinações para se representar ideias matemáticas, tais como oralidade, escrita, gestos, expressões corporais, hiperlinks, sons, palestras, webconferências, entre outros elementos (Walsh, 2011).

O I Festival de Vídeos Digitais também mobilizou pesquisas dos próprios participantes (e.g. Costa, 2017; Costa; Souto, 2019a; 2019b). No interior do país, professores com seus alunos produziram vídeos e investigaram suas próprias práticas com foco na aprendizagem da Matemática. Cremos, com base nessas pesquisas, que o festival conseguiu atingir seus objetivos, estendendo as questões pedagógicas que habitam o pensamento freireano a todos os "cantos" do país.

Freire (1996, p. 43) argumenta que "é pensando criticamente a prática de hoje ou de ontem que se pode melhorar a próxima prática"; esse parece ser um dos movimentos observados (Costa, 2017). Em um âmbito mais global, a cada nova edição o festival atinge regiões cada vez mais distantes dos grandes centros, consolidando-se como um espaço democrático, crítico e *lócus* de uma construção coletiva em busca de uma Educação menos hierárquica, mais igualitária e como uma prática de liberdade que se realiza quando se encontra com outros (Sung, 2010).

> [...] as tecnologias digitais utilizadas na produção dos *cartoons* [vídeos do tipo desenhos animados] oportunizaram aos alunos a

> realização de pesquisas, de discussões, questionamentos, críticas, reflexões e argumentações, estimulando a ampliação dos espaços para a aprendizagem matemática. Mais ainda, as inter-relações estabelecidas entre as tecnologias digitais e os alunos foram frutíferas e culminaram em organizações e reorganizações de um pensamento coletivo que resultou em mudanças na imagem que os alunos tinham da Matemática (Costa, 2017, p. 9).

Os resultados indicados por Costa (2017) ilustram os destaques do pensamento de Paulo Freire interpretado por Sung (2010). Aspectos de criticidade, democracia e rompimento de processos hierárquicos são observados quando a autora destaca que os alunos tiveram a oportunidade de realizar pesquisas, discutir sobre os temas, levantar questionamentos, fazer críticas, refletir e argumentar sobre o seu ponto de vista, mas, ao mesmo tempo, respeitando, ouvindo e dialogando com o outro no sentido de construir um pensamento coletivo que envolvia as próprias tecnologias presentes na produção dos vídeos.

Domingues (2020) realizou buscas em sites na internet, em editais online e em publicações sobre o termo "festivais" no âmbito da Educação Matemática. A partir dessa busca, ele verificou que existem vários festivais de Matemática nos mais diversos formatos – e em contextos locais, nacionais e internacionais –, de modo a promover desafios, mostras, exposições, ou seja, mesclas culturais que visam mostrar aplicações matemáticas para o público de modo geral. Nessa busca, verificou-se festivais que envolviam a produção de vídeos por alunos e/ou professores/pesquisadores, com algumas aproximações com o Festival de Vídeos Digitais e Educação Matemática – que, por sua vez, foi inspirado no festival do Canadá.[6]

A curiosidade epistemológica e os festivais de vídeos locais

As pesquisas no GPIMEM também contemplaram atividades que podem ser caracterizadas como festivais presencias locais em escolas (Oliveira, 2018; Oechsler, 2018). Há que se destacar que

[6] Sobre ele, ver mais em: <www.mathfest.ca>. Acesso em: 31 jan. 2022.

esses festivais possuem a mesma identidade pedagógica do festival nacional.

> O bom clima pedagógico-democrático é o em que o educando vai aprendendo à custa de sua prática mesma que sua curiosidade, como sua liberdade, deve estar sujeita a limites, mas em permanente exercício. [...] Como professor, devo saber que sem a curiosidade que me move, que me inquieta, que me insere na busca não aprendo e nem ensino (Freire, 1996, p. 95).

Paulo Freire (1996) destaca que a sala de aula deve ser um espaço em que os sujeitos possam se assumir epistemologicamente curiosos. Para tanto, deve-se ter postura dialógica, crítica, questionadora e desenvolver a capacidade de inquietar-se, conjecturar, comparar, investigar. Essas características da curiosidade epistemológica encontram uma proporcionalidade harmoniosa com os conceitos da semiótica social (Kress, 2010; O'halloran, 2011; Jewitt; Bezemer; O'halloran, 2016), que também esteve em cena para uma análise dos vídeos em si, em festivais presenciais em escolas e nas "salas de aula da UAB" (Universidade Aberta do Brasil) que serão abordadas mais à frente neste capítulo.

As ideias de Paulo Freire foram utilizadas não apenas como propostas pedagógicas para o I Festival de Vídeos Digitais e Educação Matemática na escola, mas também para fundamentar a pesquisa de Oliveira (2018), que investigou as diferentes dimensões que emergiram durante a produção de vídeos digitais com Matemática para esse mesmo festival. Além disso, foram considerados ainda os diferentes modos de comunicação combinados, como a escrita, a imagem, o som, o movimento, ou seja, a multimodalidade como propõe Walsh (2011). A autora idealiza uma situação em que professores e alunos utilizariam e interagiriam com diferentes tipos de textos e em diferentes modalidades, naturalizando a presença de tecnologias digitais em sala de aula.

Assim, estimulando a curiosidade, a criatividade e a comunicação de ideias matemáticas, Oliveira (2018) convida seus alunos a estudarem enquanto produziam vídeos, dando-lhes liberdade de escolher a forma segundo a qual gostariam de explorar um conteúdo: conversando com especialistas, realizando experimentos, interpretando textos, encenando peças de teatro, compondo músicas, entre outros, e subentendendo que o processo de aprendizagem está imbricado com a multimodalidade – que, por sua vez, está associada à comunicação e ao diálogo.

De modo complementar a esses pensamentos, Oliveira (2018) deixa implícito que Educação, comunicação e diálogo formam uma unidade, e, para isso, fundamenta-se em Freire (2011, p. 91), que afirma que "a Educação é comunicação, é diálogo, na medida em que não é transferência de saber" e reafirma que "o que caracteriza a comunicação enquanto este comunicar comunicando-se é que ela é diálogo, assim como o diálogo é comunicativo" (Freire, 2011, p. 89). Com essas ideias, entendemos que a realização do I Festival de Vídeos Digitais e Educação Matemática na Escola, de certa forma, caracteriza-se por sua ênfase dialógica, podendo, na perspectiva freireana, ser considerado um lançamento de "olhares sobre o mundo e a nossa existência em sociedade como processo, algo em construção, como realidade inacabada e em constante transformação" (Redin; Zitkoski, 2010, p. 117). A dialogicidade é acoplada ao fator histórico-cultural: o vídeo se tornou uma das formas de comunicação mais comum no século XXI.

A autora conclui que o processo de produção de vídeos com Matemática se expandiu freireanamente com o diálogo, a comunicação e a construção da autoestima em relação ao conhecimento matemático. De acordo com Bastos (2010, p. 79-80), "comunicação, segundo Freire, está em sua coparticipação no ato de compreender a significação do significado". No âmbito da semiótica social, a noção de significado assume contornos sociais e culturais uma vez que objetiva compreender "sua produção, interpretação e circulação, e suas implicações, se propondo a revelar como os processos de criação de significado moldam indivíduos e sociedades" (Jewitt; Bezemer; O'halloran, 2016, p. 58). A utilização dessa teoria permitiu compreender o vídeo enquanto artefato digital.

A participação de tecnologias digitais deixou a combinação de recursos semióticos (O'halloran, 2011) com outro "status" na sala de aula. Agora, por exemplo, uma avaliação que envolva um trabalho com vídeo pode também ser multimodal, ao passo que, antes, uma prova de Matemática validava apenas o escrito em português e na linguagem própria da Matemática.

Essas novas possibilidades avaliativas multimodais podem ser observadas em pesquisas como de Oechsler (2018) e Oechsler e Borba (2020), que ilustram como diferentes contextos delimitados de escolas do Sul do Brasil influenciavam na elaboração de vídeos produzidos por alunos – embora essa análise se limitasse, ainda, às condições técnicas do vídeo e não ao social impregnado na linguagem dele. A sistêmico-funcional análise do discurso multimodal proposta por O'Halloran e Lim-Fei (2014) tem como objetivo entender e descrever as funções de recursos semióticos como sistemas de significados, além de analisar os sentidos resultantes das escolhas semióticas realizadas para a combinação desses recursos. Este marco teórico é utilizado para analisar diversos tipos de obras, incluindo textos matemáticos, levando os autores a concluírem que "a produção de vídeos se mostrou com um processo de caráter coletivo e multimodal, [...] culminando em sinais de aprendizagem" (Oechsler, 2018, p. 8).

Cremos que Oliveira (2018), Oechsler (2018) e Oechsler e Borba (2020) parecem deixar, de forma sutil, como sugestão aos professores que considerem em suas práticas a necessidade de incluir a produção de vídeos digitais. Uma prática pedagógica que se apresenta com o potencial de contribuir para o despertar da curiosidade, que movimenta, gera tensões, provoca diálogos e reflexões.

Vídeos na licenciatura a distância: reflexos e recusa à educação bancária

Sartori (2010) explica que os pressupostos que levam Freire a rechaçar a educação bancária são: a ideia de educar para submissão; a crença em uma realidade estática e compartimentalizada; a visão de um sujeito acabado; a inibição da autonomia e do poder criativo dos educandos. Pesquisas como as de Fontes (2019), Neves (2020) e Silva (2018) sobre vídeos na Educação a distância do sistema da Universidade Aberta do Brasil (UAB) parecem sugerir, não de forma intencional, que houve, de certa forma, uma "recusa" às práticas que poderiam levar à educação bancária.

Nessas pesquisas, houve também um aprofundamento teórico em relação à sistêmico-funcional análise do discurso multimodal e a vídeos produzidos por licenciandos em Matemática ao analisar o potencial de expansão semântica a partir das escolhas semióticas e combinações de recursos semióticos realizadas por esses licenciandos ao expressarem ideias matemáticas com vídeos. E isso além de fazer uma releitura do método documentário (Baltruschat, 2010) para análise de filmes para a interpretação de vídeos de Educação Matemática e combiná-lo com as lentes teóricas da semiótica social (O'halloran, 2011; Jewitt; Bezemer; O'halloran, 2016).

> Segundo Van Leeuwen (2005), recursos semióticos são meios comunicativos produzidos fisiologicamente ou tecnologicamente para produzir significados, como linguagem verbal, simbolismo matemático, imagens, expressões faciais, gestos, música e som. O processo de combinação de recursos semióticos são as intersemioses através das quais o significado é proveniente. As combinações supracitadas resultaram na produção de significados condicionados às escolhas dos recursos e à tecnologia utilizada, neste caso, o vídeo digital (Neves, 2020, p. 19).

Neves (2020) afirma que os estudantes participantes de sua pesquisa utilizaram linguagem verbal e gestual, recursos cinematográficos, imagens e simbolismo para comunicar ideias matemáticas, introduzir problemas ou realizar demonstrações de simulações de eventos matemáticos. Dito de outra forma, os vídeos têm natureza multimodal, o que pode contribuir para o rompimento de práticas ditas "bancárias", tornando os processos de ensino e de aprendizagem mais aprazíveis, por propiciarem a construção de um raciocínio matemático menos formal e mais próximo de ações usuais em atividades diárias. Essas possibilidades dos vídeos digitais na Educação a distância fornecem elementos para a construção de um ambiente democrático de ensino e aprendizagem com autonomia, diálogo, colaboração e troca de experiências entre professores e alunos (Neves, 2020).

Contudo, há que se considerar que em alguns casos os vídeos apresentam-se como reproduções de aulas usualmente desenvolvidas em ambientes presenciais (Neves, 2020; Silva, 2018) com o uso de tecnologias como lousa, giz, papel e lápis, que visam a exposição de conteúdos e/ou a resolução de exercícios. Fontes (2019) caracteriza esse tipo de vídeo como aqueles que têm "tons de domesticação", e atribui essa tipificação à visão dos licenciandos em relação à Matemática, ao conhecimento tecnológico, aos processos de ensino e de aprendizagem vivenciados por eles e ao contexto cultural em que estão inseridos.

Esses traços refletem o modo como temos ensinado e aprendido a Matemática, são práticas historicamente construídas e que podem ser pistas de práticas docentes futuras. Por outro lado, esse tipo de vídeo pode simplesmente ser um indicativo de que os licenciandos ainda não sabem como fazer diferente do que eles tiveram como referência ao longo de suas vidas acadêmicas. Em ambos os casos, cremos que esses vídeos também trazem contribuições importantes, uma vez que os professores formadores poderão reorganizar a formação, intervindo de forma mais pontual para que os licenciandos consigam reconstruir essas ideias e práticas.

> [...] vídeos encaminhados pelos licenciandos para a pesquisa foram filmagens de suas aulas ou regências. Vídeos que, entendo, podem ser utilizados pelos professores [no caso a disciplina era de estágio] ou pelos próprios licenciandos no intuito de observarem as ações tomadas em cada momento da aula ou regência, apontando as potencialidades e fragilidades. Essas ações representam possibilidades para uma organização docente por meio de planejamentos coletivos – licenciandos, professores da Escola e professor da Universidade – e que permite a reflexão sobre as ações tomadas, no intuito de superar dificuldades durante o processo formativo, criando um espaço de produção para o ensino (SILVA, 2018, p. 214).

Mesmo quando os vídeos parecem retratar práticas de "ensino bancário", o que poderia ser interpretado como algo lesivo aos processos de ensino e de aprendizagem, as pesquisas apontam caminhos para que eles sejam utilizados no sentido de romper com esse tipo de visão e como eles podem contribuir para se construir em conjunto outros "tons" na licenciatura. Porém, mesmo com todas essas possibilidades não podemos negligenciar a resistência que os vídeos vinham encontrando para entrar em sala de aula.

De uma forma geral, o desenvolvimento de tecnologias provoca "medo de mudanças" não apenas na Educação, mas na sociedade como um todo. Quando tecnologias como as canetas esferográficas e as máquinas de escrever foram inventadas, em diferentes épocas, houve em ambos os casos rejeição de empresas e/ou instituições por considerarem que o uso de caneta tinteiro e cartas caligrafadas atenderiam melhor as convenções sociais (Ferrés, 1996). A diferença é que no âmbito escolar o processo é moroso; entretanto, observa-se, ao longo da história, que a presença de tecnologias em sala de aula tem contribuído e transformado os processos de ensino e de aprendizagem.

O uso do quadro negro nos anos 1950, por exemplo, trouxe mudanças positivas para a sala de aula (Bastos, 2005). Depoimentos de professores da escola normal (magistério) a respeito das disciplinas de estágio, a exemplo dos que são apresentados em Camargo (2000, p. 116), ilustram esse movimento:

> Trabalhou com o quadro negro anotando os fatos principais, utilizou-se de hábeis esquemas gráficos. Os alunos, sem que ninguém mandasse, pegaram os cadernos, anotaram os fatos principais e prestaram o máximo de atenção aos detalhes.

Como consequência, o uso de cadernos, por exemplo, exigiu que estudantes aprendessem a misturar a escrita com imagens, esquemas, gráficos, exercícios de aritmética (Gvirtz, 1997; Villarreal; Borba, 2010).

Mais recentemente, no final o século XX, os vídeos foram "acusados" de sua ineficácia em relação aos livros didáticos, de forma semelhante ao movimento que ocorreu há séculos quando os "homens da cultura" imputavam aos livros impressos fragilidades em relação à cultura que era eminentemente oral (Ferrés, 1996). Esse tipo de argumento já foi superado, como visto aqui; o que se discute atualmente é o papel desse ator não-humano nos processos de ensino e aprendizagem e o "lugar" que ocupa em sala de aula, seja ela presencial, online ou emergencial remota. Os vídeos digitais já estavam protagonizando mudanças na Educação e ganharam celeridade em virtude na pandemia do SARS-CoV-2. Ensinar e aprender com suas características multimodais que possibilitam o uso da oralidade, da escrita, de gestos, de imagens, símbolos aliados a recursos do cinema para comunicar ideias matemáticas é o desafio.

Há dois artigos recentes de revisão de literatura em Educação Matemática que mostram a emergência, ainda não consolidada, do trabalho com vídeos como um forte movimento dentro da tendência de Tecnologias Digitais em Educação Matemática no cenário internacional (Borba *et al.*, 2016; Engelbrecht *et al.*, 2020). É possível ver um robusto direcionamento ligado à Educação híbrida em Educação Matemática, mesmo antes da pandemia do coronavírus. Dentro dessa tendência, o uso de vídeos é emergente. Vemos também, conforme as pesquisas de Domingues (2020) e Neves (2020), a intensificação na realização de festivais de Matemática em diversas acepções, além da acentuada pesquisa em semiótica social e Teoria da Atividade entrelaçadas à – ou, freireanamente falando, em diálogo com a – visão de que os vídeos constituem o ser humano, e este, por sua vez, gera o vídeo com outras tecnologias.

Capítulo 4

Perspectivas teóricas em sintonia com a pesquisa em vídeos digitais

Questões culturais, sociais, epistemológicas, emocionais – entre outros elementos e dimensões – contribuem para a forma como construímos entendimentos sobre a participação, a influência ou os papéis que as tecnologias, como os vídeos digitais, podem desempenhar nos processos de ensino e aprendizagem. A esse respeito, destacamos a necessidade de as perspectivas teóricas utilizadas em pesquisas estarem em sintonia com a visão de conhecimento do pesquisador (Borba; Araújo, 2012[7]) – neste caso, sua visão em relação às tecnologias digitais.

Há uma variedade de abordagens ou visões, dentre as quais aquelas mais céticas que rechaçam a presença de qualquer tecnologia digital por considerarem que elas trazem prejuízos ao raciocínio e, portanto, nos tornam pessoas "rasas" (Iamarino, 2014; Carr, 2011; Mitcham, 1994). Encontramos, também, algumas que, conforme já ressaltava Tikhomirov (1981), admitem a presença dessas tecnologias, mas as veem de maneira conservadora, como meras ferramentas capazes de complementar ou até mesmo substituir o trabalho humano. Por fim, estão as mais contemporâneas, que, diferentemente das demais, concebem as tecnologias como extensões do corpo humano, de nossos sentidos ou como algo dinâmico e fluído que é produzido com base em um pensamento coletivo que visa

[7] Publicado originalmente em 2006.

primeiramente a obtenção de experiência e efeito (Tikhomirov, 1981; Mcluhan, 1994; Clark; Chalmers, 1998; Borba, 1999; Borba; Villareal, 2005; Iamarino, 2014).

Para além dessa harmonia, é importante observar que a visão de tecnologia está intimamente ligada à forma como fazemos uso dela. Assim, se construirmos um entendimento de que as tecnologias digitais não contribuem para os processos de ensino e aprendizagem, é provável que passemos a evitar o seu uso. Por outro lado, se nossa visão for reducionista, ou seja, se vemos as TD apenas como auxiliares, é possível que façamos delas um uso domesticado (Borba; Penteado, 2001). Contudo, se nossa compreensão for ao encontro de ideias que defendem a possibilidade de se pensar com tecnologias, é possível que o uso que façamos delas seja mais interativo, dinâmico, colaborativo e até mesmo dialógico no sentido defendido por Paulo Freire (Zitkoski, 2010).

Visões que pregam a dicotomia entre tecnologia e humanos têm levado há tempos a caminhos tortuosos. Por outro lado, se assumirmos uma visão na qual tecnologia e humanos se constituem mutuamente, é possível pensar em desfazer, por exemplo, a falsa polarização entre Educação a distância e Educação presencial, visto que ambas as modalidades de Educação estão impregnadas de tecnologias. As TD estão presentes em diferentes modelos de sala de aula, e a definição da qualidade da Educação é também dada a partir da complexa interação entre elas, professores, alunos e outros atores presentes na sala de aula.

A pedagogia dialógica de Freire (1968), associada às ideias de inteligência coletiva de Lévy (1993), são perspectivas teóricas que inspiraram estratégias pedagógicas que visam o uso de vídeos digitais na Educação Matemática. Conforme discutimos nos capítulos 2 e 3, os alunos puderam produzir vídeos que resultaram em parte do material a ser estudado. Alunos se tornam, então, coautores do currículo a ser estudado. Verifica-se aspectos que caracterizam uma visão que contempla em condições de igualdade a produção de conhecimento matemático com base nas inter-relações existentes entre seres humanos e tecnologias digitais.

As perspectivas teóricas que utilizam vídeos digitais em Educação Matemática estão inseridas nessa abordagem mais contemporânea que assume uma visão de tecnologias como agentes na produção de conhecimento e promove o "pensar-com" uma dada tecnologia. Além disso, tais perspectivas utilizam uma pedagogia dialógica que também serviu como alicerce teórico para pesquisas desenvolvidas. Nesse sentido, a noção de diálogo defendida pelo nosso patrono da Educação se faz presente tanto nas práticas que envolvem produção de vídeos quanto na maneira segundo a qual distintas perspectivas teóricas têm dialogado, no âmbito das pesquisas desenvolvidas no GPIMEM, com a visão de tecnologia como atriz na produção de conhecimentos.

Construto seres-humanos-com-mídias

Dentro dessa abordagem mais contemporânea e, no âmbito da Educação Matemática, há cerca de três décadas, Borba (1999) - junto com outros pesquisadores, com diferentes mídias e apoiado em pilares da Teoria da Atividade (TA), de filosofia da técnica e sociologia da ciência - sustenta a ideia de que as mídias são mais do que mediadoras na produção de conhecimento e que elas têm poder de ação (*agency*). Desta forma, devemos pensar que a unidade de análise para o agente que produz conhecimento advém de um coletivo: seres-humanos-com-mídias.

O papel de atriz das mídias no construto teórico seres-humanos-com-mídias (Borba; Villarreal, 2005), por vezes, causa espanto. Afinal, em diversos enfoques o poder de ação é resguardado aos humanos, como em Bandura (1989) e Pinto (2005). A mídia geralmente é vista como algo importante em um processo de aprender/conhecer. Na visão que temos desenvolvido e defendido ao longo do tempo, as mídias são impregnadas de humanidade, e seres humanos, entranhados de tecnologias, são atores epistemológicos em um coletivo formado por atores humanos e não humanos.

Tal discussão ganha nova roupagem quando um ator não humano, como o coronavírus (embora haja controvérsias sobre um vírus ser ou não um ser vivo), tem poder de ação ao modificar nossas vidas, a economia, a Educação e a saúde em tão pouco tempo. Latour (2001) há algumas décadas discutia, de modo semelhante, o poder de ação dos micróbios no Instituto Pasteur.

Atualmente, Latour (2020) reafirma que o estado da sociedade depende da associação de muitos atores, sendo alguns deles atores que não contêm forma humana (micróbios, vírus, sistema), trazendo destaque ao vírus e às modificações que ocorreram nos últimos meses. Ou seja, o coronavírus conseguiu, pela simples circulação de perdigotos, em pouco tempo, suspender a economia mundial (Latour, 2020). Ao nos depararmos com tal contexto, poderíamos associar o coletivo de atores centrais de 2020 a um coletivo de seres-humanos-com-microscópios.

Diante do contexto atual, mais do que em qualquer outro momento, a noção de atores humanos e não humanos na sociedade tem mostrado que a sala de aula apresenta movimento, sendo ela atriz não humana composta por artefatos, tecnologias diversas e atores humanos (alunos e professores), contendo mutações, uma vez que os seres humanos modificam-se com as tecnologias que os cercam e os constituem, e as tecnologias mudam com as demandas humanas e são impregnadas de humanidade (Engelbrecht *et al.*, 2020).

As tecnologias têm poder de ação e modificam nossa cultura. São produtos culturais de seres humanos que, dialeticamente, se moldam. Uma das mudanças marcantes que ilustram tal ponto é o celular, um dispositivo móvel, multitarefas e que realiza ações que até bem pouco tempo só eram realizadas ou por computadores, ou por filmadoras, ou por despertadores, ou por telefones tradicionais. O celular chegou a ser banido das escolas por leis e portarias de diferentes estados e municípios no país (Borba; Scucuglia; Gadanidis, 2014), mas adentrou a sala de aula a partir da relevância que este artefato ganhou culturalmente. Podemos ver mais um caso de poder de ação de mídias, no qual leis e normas não sobreviveram às práticas de uma sociedade em geral. Cabe destacar que ainda há obstáculos quando se trata da presença dessas tecnologias na sala de aula. Em um país no qual o problema maior é a desigualdade social (Souza, 2018), os celulares e suas configurações também ilustraram a desigualdade social nas salas de aula.

As TD, de modo particular o celular, seu maior símbolo atualmente, levaram a diversas mudanças na cultura de comunicação. Já temos quase uma década desde que a multimodalidade se intensificou com a popularização dos vídeos digitais. Há tempos as funções do celular vão além de ligações telefônicas: é possível ver as pessoas realizarem conferências via Skype, Zoom, Google Meet ou Whatsapp, entre outras vias. A sociedade, em constante movimento de transformação recíproca com tecnologias, tem optado por comunicar-se e organizar-se em termos de lazer e Educação com vídeos. O acesso aos vídeos digitais com conteúdos educacionais disponíveis na internet já era recorrente antes da pandemia do SARS-CoV-2, assim como sua produção (Soares, 2019). Dito de outra forma, vídeos são tecnologias produzidas por humanos e estão, portanto, impregnados de humanidade. Por outro lado, os atores humanos, ao produzirem um vídeo, estão embebidos das possibilidades e restrições (*affordences*) que essa tecnologia oferece.

Tecnologias digitais e seres humanos não devem ser vistos de forma dicotômica. Talvez esse seja o axioma fundamental no qual se baseia a noção de TD do construto seres-humanos-com-mídias (Borba; Villarreal, 2005). Nessa visão, tecnologias, em particular as TD, são parte constitutiva do ser humano, de ser humano. Elas nos moldam, são desenvolvidas e moldadas por nós. A relação denominada "moldagem recíproca" (Borba, 1993) é base para a noção de seres-humanos-com-mídias. Humanos são impregnados literalmente por coisas, como o vírus, e também os vírus são classificados como tal por humanos. Humanos e vírus, podemos dizer, se constituem mutuamente também, nós com nossa consciência e o vírus com seu poder de ação, como no caso da pandemia, que provocou uma mudança intensa no uso de tecnologias.

Tendo em vista essa integração, assumida nesse construto, o humano é impregnado de tecnologia. Ao longo da história, diferentes tecnologias, construídas com diferentes técnicas, moldam a forma como conhecemos e também o que significa ser humano (Borba, 2012). A tecnologia não apenas medeia de fora o que os seres humanos conhecem, mas elas são parte do coletivo que conhece. A unidade mínima do ser epistemológico é seres-humanos-com-mídias.

A não dicotomia entre tecnologia e seres humanos é inspirada em autores como a antropóloga Jean Lave (1988), que enfatiza a forma como diferentes artefatos de diferentes grupos culturais ajudam a constituir a Matemática que é desenvolvida de forma situada, na prática. É também inspirada nas ideias da Teoria da Atividade de Tikhomirov (1981), ex-aluno de Vygotsky que enfatiza a diferença qualitativa da extensão da memória humana feita pela informática quando comparada àquela feita pela escrita. Essa diferença que faz Tikhomirov (1981), em consonância com a ideia de moldagem recíproca, quer dizer que a informática reorganiza o pensamento.

A sociologia fenomenológica, na perspectiva de Schutz e expressa por Wagner (1979), é outro pilar, em especial no tocante à concepção que une ser humano e mundo como constitutivos um do outro:

> O mundo da minha vida diária não é de forma alguma meu mundo privado, mas é, desde o início, um mundo intersubjetivo compartilhado com meus semelhantes, vivenciado e interpretado por outros; em suma, é um mundo comum a todos nós (Wagner, 1979, p. 159).

A assunção de que os Outros incluem humanos e não humanos é uma das inspirações para a visão de conhecimento que emerge da metáfora seres-humanos-com-mídias. A indissociabilidade entre ser humano e mundo no construto seres-humanos-com-mídias vem, portanto, de diversas fontes teóricas e continua a brotar em novas fontes e em uma nova visita a fontes antigas.

Vários autores defendem a noção de que as TD medeiam o conhecer. Valente (1993; 1995), um dos precursores do uso da informática na Educação no Brasil, advoga tal posição ao defender a noção de construcionismo desenvolvida por Papert para enfatizar a aprendizagem do aluno com computadores. Arcavi (2020), Clark-Wilson e Hoyles (2018), Valente (2019), Rodrigues, Almeida e Valente (2017), Pretto e Avanzo (2018), Freitas e Pretto (2017), Kenski, Medeiros e Ordeas (2019) e Kenski (2012) levam a posição de mediação também para a formação de professores, área que há diversas pesquisas que tematizam as TD, o ensino e a ideia de mediação. O construto seres-humanos-com-mídias incorpora essas contribuições e dá às tecnologias um papel de coautoras[8] do conhecimento. Seres-humanos-com-mídias como unidade

[8] São utilizadas as metáforas "coautores" e/ou "coatrizes" para as tecnologias da inteligência que são protagonistas na produção de conhecimento.

mínima para produção de conhecimento destaca que o conhecimento é produzido coletivamente, com humanos e com diferentes tecnologias como lápis e papel, a oralidade, a informática. Tecnologias e mídias são equiparadas apoiando-se na ideia de Lévy (1993) de que as tecnologias da inteligência - oralidade, escrita e a plasticidade da linguagem informática - são utilizadas na comunicação.

A expressão seres-humanos-com-mídias é apresentada na virada de século para realçar o poder de ação das mídias. Como mencionamos anteriormente, Kaptelinin e Nardi (2006) consideram a possibilidade de estender o poder de ação a agentes não humanos, que podem ser coisas naturais, culturais e seres vivos não humanos. É também neste sentido que apresentamos o último pilar dessa noção, ou seja, as ideias de Bruno Latour sobre o papel ativo dos microrganismos e micróbios, as quais constituem parte de sua trajetória como pesquisador no Instituto Pasteur no século XX, pressupondo mutações dos fermentos para episódios de vírus da gripe ou o HIV (Latour, 2001). Assim, as mídias, seres não humanos, têm poder de ação no conhecimento da mesma forma que o SARS-CoV-2, causador da COVID-19, um ser não vivo, participa da forma como estamos vivenciando a atual crise pandêmica. Ele muda a forma como conhecemos: ironicamente, ele é copartícipe da ciência produzida para evitá-lo.

O construto seres-humanos-com-mídias tem sido amadurecido por outros autores, seja discutindo suas raízes filosóficas (Bicudo, 2018), na formação de professores (Jacinto; Carreira, 2016) ou para mídias distintas. Autoras como Santa Ramírez (2016) trabalharam com a dobradura no papel em origami como uma mídia e forjaram a expressão *profesores-con-doblados-de-papel*, conforme discutido no Capítulo 1. As TD são vistas com diversas nuances, como produtos dos seres humanos e, ao mesmo tempo, como agentes que moldam e transformam o próprio humano. Artefatos de papel se unem também ao conjunto de coisas com poder de ação (*agency*) em Educação Matemática (Borba; Scucuglia; Gadanidis, 2014).

Na Educação Matemática online, para a qual a internet é vista como coautora na produção de conhecimento e também participa da Educação presencial, diferentes *softwares*, diferentes atores não humanos moldam ambas as modalidades de Educação, e o "ensino híbrido" (*blended learning*) parece ser o ponto de convergência. A participação ativa da internet, de modo geral, parece ser decisiva para quebrar o modelo cúbico de sala de aula. Os vídeos digitais, em particular sua presença como possibilidade de expressão do estudante, expande e nos faz pensar em uma Educação cada vez mais híbrida. O período sem aulas presenciais durante a pandemia, no mínimo, reforça o papel de vídeos, de ambientes colaborativos de geração do livro didático, conforme já discutido por Borba, Chiari e Almeida (2018). Assim, vídeos são produtos de humanos e se somam a novos coletivos que os incluem no conhecer, no ensinar e no aprender.

O construto seres-humanos-com-mídias constitui, juntamente com outros referenciais como a Teoria da Atividade e a semiótica social, as bases teóricas das pesquisas com vídeos digitais. Autores como Souto (2013), Souto e Araújo (2013), Souto e Borba (2016; 2018) enfatizam, por exemplo, o modo como a visão mais contemporânea em relação às TD e a outros conceitos presentes nesse construto podem se harmonizar com diferentes gerações da Teoria da Atividade e, ao mesmo tempo, como podem se distanciar em determinados aspectos se relacionando dialeticamente e abrindo possibilidade para a construção de novas perspectivas teóricas.

Teoria da Atividade em movimento

A Teoria da Atividade tem se desenvolvido a partir de diferentes abordagens, variações, vertentes ou gerações que são propostas de acordo com a perspectiva de seus estudiosos (e.g. Leontiev, 1981; Lave, 1988; Davidov, 1990; Engeström, 1987; Kaptelinin, 2005), o que a torna ramificada e complexa. Para Kaptelinin (2005), existem fundamentalmente duas abordagens que se distinguem pela natureza da atividade: individual ou coletiva. Em outra perspectiva, pesquisadores do CRADLE (Center for Research on Activity, Development and Learning) da University of Helsinki, dirigido por Yrjö Engeström, consideram outros elementos para além da unidade de análise, como o objeto, os conceitos de aprendizagem e poder de ação, tipos de intervenção para apresentar algumas variações dessa teoria, as quais eles denominam de gerações.

Parte das pesquisas sobre a produção e o uso de vídeos na Educação Matemática (e.g. Costa, 2017; Domingues, 2020; Canedo Júnior, 2021) têm se fundamentado na Escola de Helsinque. Ao mesmo tempo, dentro da tradição do GPIMEM propomos novas perspectivas para as teorias que utilizamos em nossos trabalhos (e.g. Souto, 2013; Galleguillos, 2016). Assim, vamos direcionar nosso olhar para essa ramificação da Teoria da Atividade.

Com os trabalhos da Escola de Helsinque, a Teoria da Atividade ganha novos contornos e se desenvolve. Seus pesquisadores tomam como ponto de partida as contribuições de Vygotsky e Leontiev e propõem expansões no sentido de incluir não apenas artefatos, motivos e objetos, mas representar sistematicamente de modo a contemplar as inter-relações dos sujeitos com sua comunidade, que se realizam em meio a regras e divisão do trabalho, assim como também contemplar as interconexões de fatores externos. Os principais elementos que sustentam essas ideias estão representados nas figuras 6 e 7 a seguir.

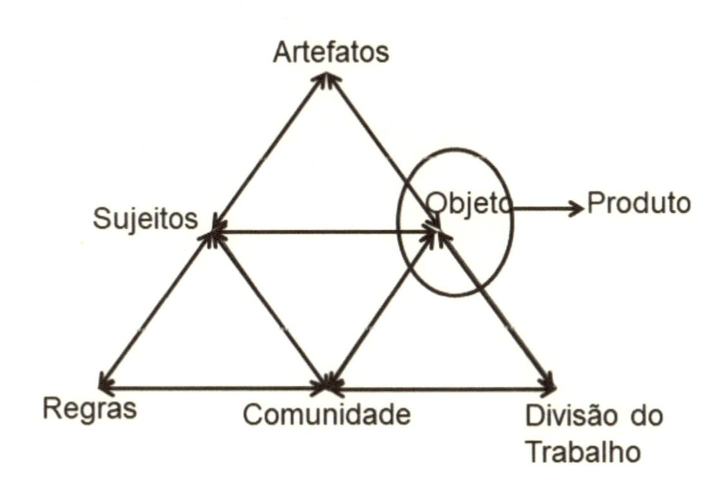

Figura 6: Sistema de atividade.
Fonte: Baseadas em ENGESTRÖM (2001).

O diagrama triangular representado na Figura 6 apresenta seis elementos: (i) sujeitos: um indivíduo ou grupo de indivíduos que tem poder de ação, que se motiva em relação ao objeto em um sistema de atividade; (ii) objeto: matéria-prima ou espaço-problema coletivamente compartilhado para o qual a atividade é direcionada; (iii) artefatos: podem ser ferramentas físicas ou intelectuais utilizadas pelos sujeitos para transformar o objeto em produto; (iv) comunidade: formada por todos aqueles que compartilham o mesmo objeto; (v) divisão de trabalho: refere-se à divisão de tarefas e de poder; (vi) regras: normas que regulam as ações dentro do sistema de atividades (Engeström, 2001; Engeström; Sannino, 2010). Na Figura 7, a ideia é visualizar que sistemas de atividade não se constituem de forma isolada, sendo necessário admitir a formação de redes de sistemas que se influenciam mutuamente considerando questões sociais, históricas e culturais.

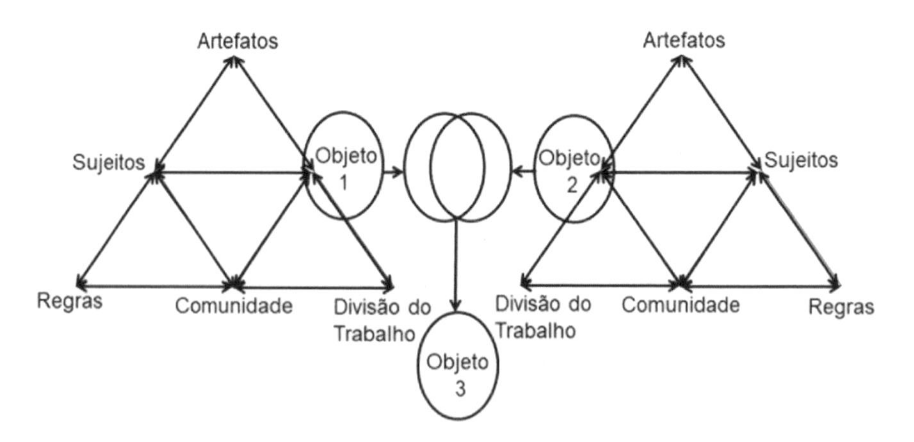

Figura 7: Dois sistemas em rede.
Fonte: Baseadas em ENGESTRÖM (2001).

Como forma de favorecer as compreensões em relação a essas representações, Engeström (2001) propõe cinco princípios analíticos e, ao mesmo tempo, faz um chamamento à comunidade científica indicando a necessidade de se desenvolver ferramentas conceituais para compreender as múltiplas perspectivas principalmente em relação às redes. Em relação aos princípios, ele propõe que o primeiro é o próprio sistema de atividade, conforme ilustrado na Figura 6, como unidade básica de análise. O segundo princípio se refere à historicidade pela qual as mudanças percebidas nesses sistemas precisam ser consideradas em intervalos de tempo relativamente longos. O terceiro se refere à multivocalidade, que evoca levar em conta as diferentes vozes presentes no sistema, de maneira a não negligenciar aquelas que, por razões diversas, tornam-se menos proeminentes. Essas vozes carregam as histórias dos sujeitos e refletem influências de seus contextos culturais. O quarto princípio contempla o papel das contradições, que são vistas como tensões que podem refletir descontentamento e entraves, mas que incluem possibilidades de mudanças. O quinto princípio consiste nas transformações expansivas, que são reconfigurações que acontecem nos sistemas de atividade no sentido de superar contradições e explorar novas possibilidades.

Essas ideias produziram resultados relevantes, ao longo das últimas duas décadas, em estudos que envolvem trabalhos corporativos. A assistência pediátrica de Helsinque (Engeström, 2001) e a formação de profissionais da saúde (Engeström; Sannino, 2010) são exemplos. Engeström (2002) passou a utilizar esse modelo triangular (Figura 6) também para discutir problemas educacionais. O autor sugere a "aprendizagem expansiva"[9] como uma das formas de superar a encapsulação da aprendizagem escolar. Nesse modelo, a aprendizagem é concebida a partir de uma complexa dinâmica envolvendo os componentes que estão nos vértices dos triângulos das figuras 6 e 7. Ela se dá por meio do enfrentamento das contradições que surgem ao longo do processo. Como forma de contribuir para o processo de análise, Engeström (2001) propõe uma ferramenta analítica: o ciclo de aprendizagem expansiva.

O processo de aprendizagem expansiva proposto nesse ciclo ocorre em um movimento que pode ser modelado de modo circular, dividido em sete estágios: (i) questionamento; (ii) análise histórica e atual da situação; (iii) modelo da nova solução; (iv) exame do novo modelo; (v) implementação do novo modelo; (vi) reflexão sobre o processo; e (vii) consolidação e generalização da nova prática (Engeström, 2001; Engeström; Sannino, 2010).

---

[9] Conceito introduzido por Engeström em 1987.

De acordo com Engeström e Sannino (2010), desde a sua formulação a noção de aprendizagem expansiva vem sendo empregada em diversos estudos empíricos e intervencionistas. Esses autores identificaram distintas maneiras da sua ocorrência: (i) como transformação do objeto do sistema de atividade; (ii) como movimento na zona de desenvolvimento proximal (ZDP); (iii) como ciclos de ações de aprendizagem; (iv) como cruzamento de fronteiras e construção de redes; (v) como movimento descontínuo e distribuído; (vi) como intervenções formativas.

Contudo, Engeström e Sannino (2020) salientam que o trabalho e as organizações estão operando, cada dia mais, em arranjos instáveis, fluidos e pouco delimitados, de maneira que os modelos analíticos desenvolvidos até então podem encontrar dificuldades na tentativa de compreender as transformações observadas nesses contextos. Esses autores acrescentam que, no intuito de dar conta dessas demandas, teóricos da Escola de Helsinque têm experimentado abordagens que procuram destacar o *agency* em ambientes de trabalho coletivo, nos quais o poder de decisão em situações emergenciais tem se tornado indispensável.

Esses são alguns dos desafios que a sociedade contemporânea impõe ao que Engeström e Sannino (2020) já consideram como uma nova geração. As abordagens que emergem desse novo corpo teórico têm procurado transcender a ideia de sistemas ou redes de sistemas, trazendo uma proposta de análise baseada nos chamados ciclos de coalisão. Tais propostas visam alternativas a problemas sociais macros – como a própria pandemia do SARS-CoV-2, a falta de moradia, entre outros problemas – que dependem de interferências complexas e ações de curto, médio e longo prazo de distintas instâncias e órgãos governamentais ou não e de diferentes níveis (locais, municipais, regionais, nacionais e internacionais).

Essa nova geração tem dado destaque a abordagens que promovem posturas ativas dos sujeitos envolvidos para que possam aprender a lidar, constantemente, com situações problemáticas que precisam ser superadas. Engeström e Sannino (2020) apontam que esse poder de ação é indispensável nas mais distintas organizações em que as estruturas hierárquicas têm se diluído constantemente. Contudo, esse poder de ação, assim como nas gerações anteriores, continua sendo visto como uma especificidade humana, de maneira que o lugar de atores não humanos, como as TD, continua sendo único e exclusivamente o de artefatos.[10]

Nas pesquisas desenvolvidas no GPIMEM, assim como tem acontecido na Escola de Helsinque, temos explorado possibilidades para o desdobramento e outros avanços para a Teoria da Atividade, com diálogos entre distintos referenciais teóricos. Essa nossa busca reflete a visão de conhecimento subjacente ao construto seres-humanos-com-mídias e remete a um compartilhamento de papéis entre atores humanos e tecnológicos. Nela, ampliamos ideias originais, juntamente com as gerações anteriores da Teoria da Atividade, e, principalmente, incorporamos a visão de tecnologias que circunda o construto seres-humanos-com-mídias (Souto; Borba, 2016; 2018).

Com isso, o conceito de poder de ação (*agency*) foi ampliado para a atuação também de atores não humanos. Além disso, tendo em vista que o contexto que se deseja contemplar é a Educação Matemática, consideramos necessário incluir um novo elemento: a proposta de ensino. Isso porque nas gerações anteriores da Teoria da Atividade, pensadas para situações de organização do trabalho, a proposta de ensino tinha que ser analisada de forma fragmentada e técnica (regras, organização do trabalho, artefatos), sem considerar os seus aspectos pedagógicos.

Como instrumento de análise dessa nova intepretação da Teoria da Atividade, propomos os miniciclones de aprendizagem (ou transformação) expansiva, discutidos de forma mais detalhada adiante no Capítulo 5. Eles incluem movimentos que não estavam previstos nas etapas dos ciclos expansivos e podem contribuir tanto para a compreensão de aspectos da aprendizagem como também para questões relativas ao planejamento do ensino. Essa expansão das possibilidades analíticas promove uma ressignificação do quinto princípio proposto por Engeström (2001), que conceitua as transformações expansivas que passam a incluir movimentos em que as mídias assumem poder

[10] Artefatos mediadores, segundo a Teoria da Atividade, referem-se às máquinas, à escrita, à fala, aos números, aos símbolos, aos recursos mnemotécnicos etc. (SOUTO, 2013, p. 45).

de ação, extrapolam a função de artefatos e quebram a rigidez dos triângulos propostos anteriormente (Souto; Borba, 2016; 2018). Se essa reconceituação pode configurar um passo em direção a uma nova vertente ou o surgimento de uma nova geração são questões abertas às futuras investigações (Souto; Borba, 2016; 2018).

As pesquisas com vídeos digitais, por se apoiarem em visões mais contemporâneas em relação as TD, em sua maioria não utilizam apenas uma dada geração da Teoria da Atividade. Há uma mistura (intergerações) que foi a maneira que autores como Souto e Borba (2016; 2018) encontraram para contemplar a visão de conhecimento que fundamenta o construto seres-humanos-com-mídias, pela qual se admite o *agency,* poder de ação, das TD. A Teoria da Atividade, desenvolvida pelos teóricos da Escola de Helsinque e a possível nova ramificação, apoiada nas ideias de Souto e Borba (2016), Engeström e Sannino (2010; 2020) e Domingues (2020), foi pertinente para indicar o movimento de fazer um vídeo, a forma pela qual diversos interesses movem os participantes ao fazer um vídeo para o I Festival de Vídeos Digitais e Educação Matemática, por exemplo.

O GPIMEM tem levado a fundo a questão da aprendizagem (Souto, 2013; Souto; Borba, 2016; Costa, 2017), a dinâmica que mobiliza o interesse dos alunos (Galleguillos, 2016; Silva, 2019, Domingues, 2020) e a presença das propriedades multimodais no *agency* do vídeo digital nos sistemas de atividade (Canedo Junior, 2021). Há um trabalho constante no sentido de expandir os conceitos da Teoria da Atividade para uma nova interpretação que tenha uma representação mais dinâmica.

O que a teorização do grupo sugere é que a divisão rígida entre artefatos, seres humanos agentes e comunidade nos vértices dos triângulos era inflexível em demasia para a visão de tecnologia apoiada na noção de seres-humanos-com-mídias. Nesse sentido, já que podemos pensar em mídias como agentes, a internet, por exemplo, pode em alguns momentos ser pensada prioritariamente como artefato, outras como agente ou mesmo como comunidade. É isso que é argumentado em Souto e Borba (2016; 2018).

O construto seres-humanos-com-mídias se tornou uma referência da visão de tecnologia digital ao integrar mídias e humanos dialeticamente. Mídias constituem humanos e vice-versa, e isso gera o movimento. Humanos transformam as tecnologias criadas por coletivos de seres-humanos-com-tecnologias-digitais e essas tecnologias transformam os seres humanos. Um dos pilares dessa discussão sobre tecnologia é o artigo de Tikhomirov (1981), que se apoia em uma das vertentes da Teoria da Atividade e vê a atividade como unidade única de análise. Agora o construto seres-humanos-com-mídias pode acrescentar à Teoria da Atividade a ideia de triângulos com vértices dinâmicos e que muitas vezes colapsam em linhas retas. A Figura 8 mostra a imagem e o *QR Code* que dá acesso a uma animação que representa essa visão dinâmica do sistema atividade. Reforçamos a conjectura se seria essa visão uma nova geração para Teoria da Atividade.

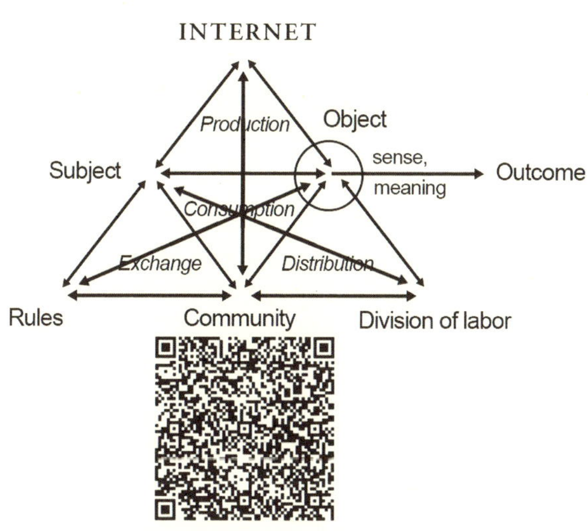

Figura 8: Gif da movimentação da internet na TA.
Fonte: Site do GPIMEM <https://bit.ly/3A97o2G>. Acesso em: 31 jan. 2022.

A Figura 8 acima leva a uma representação dessa dinamicidade, que pode ser experienciada no site do GPIMEM. Talvez seja cedo para afirmar, ou mesmo conjecturar, se tal dinamicidade é suficiente para caracterizar uma nova geração da Teoria da Atividade. De toda maneira, essa sinergia entre o construto seres-humanos-com-mídias e Teoria da Atividade nos dão o alicerce para compreendermos aprendizagens com vídeos feitas por coletivos de humanos e não humanos.

Semiótica social e multimodalidade

Em Domingues (2020), os vídeos do I Festival de Vídeos Digitais e Educação Matemática[11] foram analisados utilizando a Teoria da Atividade, de modo semelhante ao descrito anteriormente. Desta forma, foram realizadas entrevistas e análise dos vídeos a fim de identificar motivos e compreender o objeto das ações de grupos de estudantes e professores que se mobilizaram no sentido de encaminhar vídeos para o referido evento. Essa análise, sob essas lentes teóricas, possibilitou identificar a dinâmica do processo, mas não favoreceu uma melhor compreensão do vídeo enquanto artefato digital. Até o momento, os construtos abrigados sobre as noções de sistêmico-funcional, multimodalidade, dentre outras que se fazem presentes na perspectiva teórica da semiótica social têm se mostrado adequados para uma análise sobre o vídeo já pronto.

A abordagem *sistêmico-funcional*, com origens nos trabalhos do linguista Michael Halliday (1993), considera a linguagem não apenas como um sistema de signos (sistêmica), mas também como uma instância por meio da qual os sujeitos realizam suas funções sociais (funcional). Nesse sentido, percebemos similaridades entre essa perspectiva teórica e a concepção freireana de Educação. Em ambas, os domínios das técnicas de leitura, escrita e a comunicação, de um modo geral, devem favorecer uma leitura de mundo, em toda a sua complexidade e como uma instância passível de mudanças, de forma a permitir que o educando se perceba como ator social.

A *semiótica social*, na perspectiva de autores como Kress (2010), O'Halloran (2011) e Jewitt, Bezemer e O'Halloran (2016), expande a abordagem sistêmico-funcional de Halliday (1993) para além dos signos linguísticos da fala e da escrita ao incluir recursos semióticos, tais como: imagem, som, gesto, olhar, expressão facial, postura corporal, orientação espacial e movimento. A noção de *multimodalidade*, por sua vez, refere-se à combinação desses múltiplos recursos nos processos de comunicação e produção de significados, que passam a ser considerados como multimodais.

[11] Vídeos disponíveis no site: <https://www.festivalvideomat.com>. Acesso em: 31 jan. 2022.

A participação das TD, de forma particular os vídeos, expandiu as possibilidades multimodais da sala de aula ao permitir combinar recursos semióticos de maneiras qualitativamente novas. Agora, uma prática pedagógica que envolva trabalho com vídeos permite multimodalidades que dificilmente seriam possíveis em textos escritos com lápis e papel. E assumimos que isso vale tanto para a língua portuguesa quanto para a linguagem matemática.

Os vídeos têm se tornado, a cada dia, atores importantes nas mais diversas funções na sociedade em geral: humor, lazer, trabalho etc. No contexto da sala de aula em movimento, a introdução dessa mídia revelou, a princípio, uma limitação dos seus recursos audiovisuais, configurando o que Borba e Penteado (2001) denominam domesticação. Da mesma maneira que as primeiras versões do cinema consistiam em filmagens do teatro, os vídeos digitais educacionais, utilizados de forma domesticada, procuravam reproduzir a aula tradicional e enviá-la aos alunos. A sala de aula parece, de fato, levar mais tempo para aceitar a presença de novos atores não humanos; com o vídeo digital isso não tem sido diferente.

A abordagem da semiótica social esteve em cena na análise dos vídeos produzidos em "salas de aula da UAB", em festivais presenciais em escolas ou no festival online que atingiu todo o país. Essa possibilidade analítica tem mostrado que a multimodalidade inerente a essa mídia, que permite uma diversidade de recursos semióticos, permeia a Matemática do vídeo digital, sugerindo um contraponto à referida domesticação. Contudo, no que se refere ao caráter social da semiótica social, ainda estamos na busca por procedimentos que permitam evidenciá-lo de forma mais consistente. Temos procurado, também, conectar essa abordagem teórica com outras teorias utilizadas no passado ou em utilização atualmente.

Historicamente, Borba (1993), sem utilizar tal quadro teórico, já discutia como o uso de diferentes recursos comunicativos e distintas formas de representação pode moldar a produção de conhecimentos e a própria Matemática, ao contrastar a oralidade de diversas (etno) matemáticas com as representações múltiplas propiciadas por coletivos que envolvessem computadores. Assim, na favela da vila Nogueira São Quirino, com alto índice de analfabetismo em todas as idades, a Matemática ganhava contornos a partir de sua expressão oral (Borba, 1987). A Matemática exigida nos testes é fundamentalmente baseada na escrita usual e na escrita matemática. Com a disponibilidade de computadores pessoais, alunos e professores podiam valorizar a visualização da álgebra devido à fácil geração de gráficos de funções, por exemplo, além de geração de tabelas.

Representações algébricas, tabulares e gráficas, junto à linguagem usual se tornaram a base de diversas pesquisas sobre representações múltiplas (Kaput, 1993; Borba; Confrey, 1996; Goldin; Shteingold, 2001). O desenvolvimento de pesquisas e a implementação de tais ideias em salas de aula de ensino médio e graduação é um exemplo da articulação da pesquisa e a sala de aula (Borba; Almeida; Gracias, 2018). Na literatura sobre representações múltiplas, desde Borba e Confrey (1996) até Borba, Chiari e Almeida (2018), é possível ver como as tecnologias são coautoras da Matemática gerada, seja com o arrastar do mouse até a maneira pela qual os fóruns de cursos à distância se tornam livros didáticos interativos.

Nossas primeiras investigações que envolviam análise de vídeos se apoiaram no mencionado referencial teórico das *representações múltiplas*. Apesar dessa perspectiva teórica ter, no passado, permitido uma análise apropriada da produção de conhecimentos em coletivos de seres-humanos-com-*softwares* (e.g. Cabri, Winplot), ela se mostrou limitada para lidar com os vídeos que incorporavam não só tabelas, gráficos e expressões algébricas, mas toda uma variedade de recursos audiovisuais, como movimentos, música, sons diversos, gestos etc.

A procura por um referencial que permitisse analisar a produção de conhecimentos em coletivos que incluem outros recursos, diferentes das imagens, simbolismo matemático e linguagem verbal, nos levou, primeiramente, aos conceitos presentes na alfabetização multimodal proposta por Walsh (2011), posteriormente, as possibilidades analíticas da semiótica social, conforme apresentada em autores como Kress (2010), O'Halloran (2011), Jewitt, Bezemer e O'Halloran (2016), se mostraram mais apropriadas às nossas demandas investigativas.

Os processos de comunicação e produção de significados que envolvem múltiplos recursos semióticos (multimodalidade), tais como música, gestos, expressões faciais, sons, movimento da imagem, espaço, objetos tridimensionais, cenário e figurino, além das representações usuais da Matemática e a linguagem verbal, constituem a matéria-prima dos estudos apoiados na semiótica social. Nesse sentido, essa teoria veio ao encontro dos nossos interesses em compreender como a multimodalidade da mídia vídeo digital molda a produção de conhecimentos e a própria Matemática, quando comunicada com essa mídia.

A semiótica social busca entender a articulação desses recursos semióticos – bem como a influência da combinação multimodal dos mesmos na produção de significados dos indivíduos envolvidos no processo – dentro de um contexto social, como apontam Jewitt, Bezemer, O'Halloran (2016, p. 58):

> A Semiótica Social busca entender as dimensões sociais do significado, sua produção, interpretação e circulação, e suas implicações, se propondo a revelar como os processos de criação de significado moldam indivíduos e sociedades.

Como mencionamos anteriormente, a proposta analítica da semiótica social, na perspectiva de autores como O'Halloran (2011) e Kress (2010), combina a teoria sistêmico-funcional da linguagem (Halliday, 1993) com a análise do discurso multimodal. Essas duas abordagens podem ser vistas como complementares. Enquanto a primeira está mais voltada para compreender implicações sobre a forma como indivíduos e sociedade são "moldados" frente ao processo de produção, interpretação, circulação de significado, a segunda, por sua vez, além de se preocupar com esses aspectos da semiótica social, procura, de forma mais específica, fundamentar entendimentos sobre os papéis (atribuições, responsabilidade, desempenho) de distintos recursos semióticos e os significados resultantes de diferentes combinações de escolhas semióticas em fenômenos multimodais (Jewitt; Bezemer; O'halloran, 2016).

Essa proposta analítica, conforme considerada por Kay O'Halloran, participante do Capes-Print,[12] pode contribuir para a compreensão de como os vídeos transformam a Matemática expressa neles. Segundo O'Halloran (2011), os vídeos são fenômenos que permitem uma combinação de recursos semióticos na expressão de ideias. E esses recursos são materializados pelas modalidades auditiva (por exemplo, trilha sonora, linguagem verbal oral, sons) e visual (como expressões faciais, gestos, iluminação, cenário). Nessa abordagem teórica, outro termo central é a intersemiose, que se refere aos processos pelos quais escolhas semióticas interagem e se combinam para produzir significado. Assim, é possível analisar as particularidades da comunicação com vídeos, assim como compreender a "recontextualização" dos conteúdos matemáticos na forma de vídeo ou o que é específico no vídeo que transforma a Matemática apresentada.

A semiótica social tem como objetivo entender e descrever as funções de recursos semióticos como sistemas de significados, além de analisar os sentidos resultantes das escolhas semióticas realizadas para a combinação desses recursos. Este marco teórico é utilizado para analisar diversos tipos de obras, dentre as quais as que envolvem textos matemáticos, inclusive aqueles expressos a partir de vídeos digitais. Apoiados nesse construto teórico, Oechsler (2018) e Oechsler e Borba (2020) mostram como o contexto escolar pode influenciar a produção de vídeos por alunos, embora essa análise se restrinja às possibilidades técnicas dessa produção e não à maneira como as condições sociais se imprimem no texto fílmico do vídeo.

Os modos estão estreitamente relacionados com as possibilidades de acesso a determinadas tecnologias e são influenciados, também, pelas experiências/vivências que os alunos possuem, o que, de certa forma, reflete nuances de seus contextos culturais. De acordo como Oechsler (2018), alunos que tiveram dificuldade de acesso a um

[12] É um projeto que deriva do Programa Institucional de Internacionalização, intitulado "Produção de Vídeos, Pensamento Computacional e Semiótica Social em Educação Matemática", que conta com a participação professores(as) da Universidade Estadual Paulista Júlio de Mesquita Filho, University of Western Ontario e University of Ontario Institute of Technology University of Liverpool, University of Tasmania, Universidad de Antioquia Universidade Nacional de Córdoba e University of Pretoria.

computador, por exemplo, optaram por produzir vídeos mais simples com o uso apenas de slides. A autora identificou, ainda, uma forte influência em relação ao tipo de vídeos que os alunos tinham mais contato, ou seja, os que estavam habituados a videoaulas produziram vídeos com características muito semelhantes a esse modelo. De igual maneira, alunos que possuíam outras trajetórias em relação ao conhecimento de técnicas variadas de filmagem produziram vídeos com maior dinamicidade. Porém, independentemente dos modos escolhidos, os vídeos analisados apresentaram características multimodais da Matemática que indicaram uma integração de diferentes representações (oralidade, gestualidade e simbologia, por exemplo) que potencializaram a possibilidade de produção de significado.

Ao abordar os modos – ou seja, cada conjunto de recursos semióticos combinados para produzir significado –, torna-se fundamental pensarmos também na participação de atores não humanos. Isso porque, ao escolher um dado modo, os atores humanos devem levar em consideração a tecnologia (o ator não humano) que viabilizará o seu uso. Essa inter-relação entre os atores humanos e não humanos e o conhecimento das potencialidades das mídias utilizadas permitiu que os alunos pensassem com as mídias (Borba; Villarreal, 2005), as quais favoreceram reflexões sobre o conteúdo e as potencialidades das próprias mídias e dos modos a serem utilizados, moldando a produção de significados diante do que era explorado no vídeo. Nesse sentido, a semiótica social apresenta elementos conceituais que permitem analisar o "pensar-com-mídias", um dos pilares do construto seres-humanos-com-mídias, a partir de uma visão mais contemporânea sobre o papel dessas atrizes nos processos de produção de conhecimentos.

A abordagem da semiótica social, na perspectiva de O'Halloran (2011), veio ao encontro dos objetivos investigativos de Neves (2020), que procurou compreender a maneira como licenciandos em Matemática da Educação a distância combinam recursos semióticos ao utilizarem vídeos digitais para expressar ideias matemáticas. Ao perseguir tais objetivos de inquérito, a autora aprofundou a relação entre essa abordagem e os vídeos produzidos no referido contexto ao analisar o potencial de expansão semântica a partir das escolhas semióticas e combinações de recursos semióticos realizadas por esses estudantes ao expressarem ideias matemáticas com de vídeos.

A análise dos vídeos produzidos por esses futuros professores a partir das referidas lentes teóricas permitiu a Neves (2020) perceber a presença de uma variedade de recursos semióticos, tais como linguagem verbal, imagens matemáticas e do cotidiano e simbolismo matemático, combinados com a música e diversos recursos cinematográficos. Essa combinação multimodal favoreceu, ao mesmo tempo, reforçar os elementos do discurso matemático no vídeo, bem como transmitir e invocar emoções a fim de proporcionar um ambiente informal para a discussão matemática.

Além das supracitadas contribuições, a pesquisa de Neves (2020), ao considerar elementos emocionais e afetivos na produção de conhecimentos matemáticos, abre novos horizontes para as possibilidades multimodais do vídeo digital em Educação Matemática. Contudo, compreender como as dimensões afetivas, por exemplo, da música e do cinema podem impactar a Matemática a partir da ação da mídia vídeo digital é uma pergunta em aberto.

Souza (2021) utilizou elementos da análise fílmica (Vanoye; Goliot-Lété, 1994), em combinação com a abordagem analítica da semiótica social (O'halloran, 2011), no intuito de analisar as escolhas semióticas dos estudantes ao comunicarem temas matemáticos com vídeos digitais que produziram. A referida investigação teve como cenário uma disciplina de álgebra linear, da licenciatura em Matemática à distância, da Universidade Federal de Pelotas (UFPel).

Os vídeos produzidos pelos referidos estudantes foram analisados por Souza (2021) com o auxílio de esquemas, conforme é apresentado na Figura 9, os quais configuram uma representação visual da combinação da análise fílmica com a semiótica social que permite observar as escolhas semióticas dos estudantes na composição das cenas dos vídeos que produziram. O esquema em questão mostra que o vídeo em estudo tem duração de 191 segundos (3 minutos e 11 segundos) e tematizou o tópico determinante de matrizes. No tocante aos recursos visuais mobilizados (modalidades visuais), observa-se a prevalência de uma imagem estática que é substituída por uma animação, nos instantes finais, além de gestos. Já os recursos auditivos (modalidades auditivas) incluem a fala de um personagem (oralidade *on*) na primeira parte do vídeo, que é substituída por uma narração (oralidade *off*) por volta dos 40 segundos.

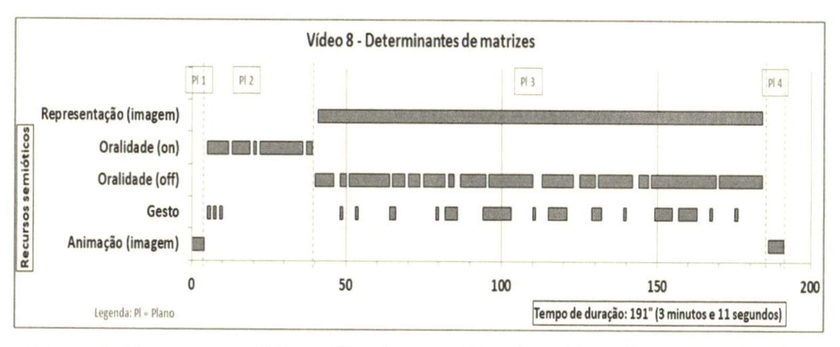

Figura 9: Esquema analítico utilizado na análise dos vídeos digitais produzidos pelos estudantes. Fonte: Souza (2021, p. 130).

Chamamos a atenção para o fato de o esquema da Figura 9 permitir ao leitor uma compreensão (produção de significados) de como a semiótica social dialogou com a análise fílmica, na investigação desenvolvida por Souza (2021), de uma maneira que dificilmente seria possível sem a referida imagem do esquema, caso o autor optasse, por exemplo, por descrever sua análise utilizando somente a linguagem escrita usual. Em outras palavras, o uso do mencionado trouxe para a própria escrita da tese desse autor uma multimodalidade qualitativamente nova, se comparada à do texto escrito na linguagem usual.

Apoiado no esquema da Figura 9, Souza (2021) pôde observar que os alunos priorizaram a linguagem matemática formal, optando por diferentes formas de expressá-la por meio da combinação multimodal de recursos semióticos como a linguagem verbal, o simbolismo matemático, imagens estáticas, animações e filmagens que foram combinados no texto fílmico do vídeo digital no sentido de dar significado aos seus discursos. Foi possível observar, ainda, que os recursos semióticos específicos do vídeo digital (filmagens, animações e sons variados, por exemplo) não substituíram aqueles presentes na tradição da sala de aula, tais como a lousa, o giz, o lápis e o papel. Pelo contrário, essas "velhas" e "novas" mídias se combinaram e se moldaram reciprocamente nos discursos matemáticos expressos com vídeo.

A pesquisa de Canedo Junior (2021), por sua vez, combinou princípios analíticos da semiótica social e da Teoria da Atividade ao perseguir o objetivo de compreender como o vídeo digital participa das práticas de modelagem desenvolvidas por alunos de um curso online voltado à formação de professores quando o problema é proposto com essa mídia. Essa combinação teórica consistiu em uma reinterpretação do princípio da multivocalidade, um dos cinco presentes na abordagem da Teoria da Atividade, já mencionada neste livro, de forma a considerar as múltiplas vozes que ecoam nos sistemas de atividade não apenas a partir do que elas comunicam, mas também em termos da multimodalidade das mesmas.

A análise das práticas de modelagem desses alunos/professores a partir das mencionadas lentes teóricas permitiu a Canedo Junior (2021) observar que a maneira como os recursos semióticos se combinam nas cenas do vídeo – quando o problema é apresentado com essa mídia – influencia o fazer da modelagem. Essa abordagem teórica, emergente do diálogo entre semiótica social e Teoria da Atividade, permitiu, ainda, uma discussão a respeito da própria compreensão de problema, que passa a ser considerado como condicionado à multimodalidade da mídia com a qual é apresentado.

Ao aproximar Teoria da Atividade e semiótica social, em diálogo com o construto seres-humanos-com-mídias, a investigação de Canedo Junior (2021) soma-se aos esforços investigativos iniciados por Souto e Borba (2016; 2018), que buscam expandir as potencialidades analíticas da teoria da atividade nas pesquisas em Educação Matemática. Seria esse mais um passo em direção a uma nova geração dessa teoria? Eis uma pergunta para a qual ainda buscamos respostas.

Entendemos a semiótica social como um construto analítico ressonante com a visão de conhecimento como um produto das inter-relações entre atores humanos e não humanos. As noções de multimodalidade, escolhas semióticas e sistêmico-funcional têm permitido compreender o poder de ação do vídeo digital nos coletivos de seres-humanos-com-mídias a partir do potencial multimodal dessa mídia. Além disso, enfatizamos que essa perspectiva teórica guarda relações com a Educação libertadora e problematizadora proposta por Paulo Freire ao considerar a linguagem, bem como suas características multimodais, não apenas como um sistema, mas como uma entidade pela qual os sujeitos realizam funções sociais. Contudo, destacamos a necessidade de pensar metodologias de pesquisa que permitam enfatizar as dimensões sociais desse construto teórico e analítico.

Capítulo 5

Aspectos teórico-metodológicos na pesquisa com vídeos digitais

Um vídeo voltado ao ensino, qualquer que seja, comunica ideias, compartilha conhecimentos, valores, crenças, enfim, expressa pensamentos oriundos de uma produção coletiva e multimodal constituída por atores humanos e tecnologias. Esses tipos de vídeos são, portanto, impregnados de humanidade, de intencionalidade, de múltiplas vozes que ecoam conhecimentos específicos de Matemática ou de outra área e representam características sociais, históricas e culturais.

É desejável que, ao se analisar um vídeo, todos esses fatores sejam considerados, ou seja, espera-se que haja um exercício qualitativo de interpretar, para além de características técnicas, o sentido dos discursos, narrativas, imagens, ações, sons, músicas, comportamentos, representações, símbolos, metáforas. O processo de análise em pesquisas que utilizam vídeos não possui uma única metodologia, é possível optar por referenciais consolidados e também, com base neles, até mesmo construir diferentes caminhos ou desenvolver novas estratégias. Entretanto, é fundamental que a escolha metodológica esteja em harmonia com a visão epistemológica do pesquisador, os fundamentos teóricos adotados e o objetivo que se pretende alcançar na pesquisa.

Os movimentos metodológicos das pesquisas em Educação Matemática que fazem a análise de vídeos indicam que o uso do método documentário adaptado para a análise de filmes pode ser utilizado, por exemplo, para compreender o modo como fatores sociais, históricos, culturais, entre outros podem influenciar na forma como uma ideia matemática é comunicada por atores humanos com essa tecnologia (Fontes, 2019). No Capítulo 4 já apresentamos, dentro da semiótica social, o modo como Souza (2021) utilizou a análise fílmica para compreender como estudantes expressam ideias matemáticas em seus vídeos autorais. Aqui, vamos aprofundar um pouco mais os principais elementos dessa metodologia em conjunto com outros aportes que constituem as pesquisas com vídeos, a moldam e, ao mesmo tempo, são por elas requeridos.

Dentre as perspectivas metodológicas que têm sido utilizadas em pesquisas com e/ou sobre vídeos, temos a própria Teoria da Atividade. Holzman (2006), Daniels (2011) e Souto (2013) destacam que não há um consenso sobre a natureza dessa teoria. Entretanto, alguns teóricos têm desenvolvido, a partir dela, perspectivas metodológicas de pesquisa. Engeström (1987), por exemplo, propõe uma metodologia de análise considerando que os sistemas de atividade passam por ciclos relativamente extensos de transformações expansivas. Esse autor sugere, ainda, que a análise de sistemas de atividade também é possível a partir da constituição de redes. Engeström e Sannino (2010) elaboram uma metodologia baseada em manifestações discursivas que contribui para a compreensão de contradições internas. No campo da Educação Matemática, Souto e Borba (2016; 2018) propõem os miniciclones de transformações/aprendizagem expansiva.

A Teoria Fundamentada em Dados (TFD) ou *Grounded Theory* ou Teoria Enraizada também é uma opção metodológica para pesquisadores do campo da Educação Matemática que investigam o ator vídeo. Ela possui movimentos distintos em relação às perspectivas metodológicas anteriormente citadas que não serão desenvolvidas neste livro. O leitor interessado pode se dirigir a Chiari (2015), Almeida (2016) e Schulzbach (2021). Acrescentamos que, enquanto o método documentário e os miniciclones de aprendizagem expansiva apontam como caminho a aplicação de suas respectivas fundamentações sobre os dados, a TFD exige a construção/elaboração de uma teoria substantiva com base nos resultados das análises dos dados. Isso para, em um segundo momento, se for o caso, buscar apoio em fundamentos teóricos e, com isso, fazer emergir uma "nova" teoria ou ampliar uma já existente que possa indicar compreensões sobre a realidade investigada, não apenas em seu sentido ou contextos específicos, mas de forma que possa explicar outros contextos ou situações.

Método documentário e análise fílmica para vídeos digitais

O método documentário tem sua gênese no desejo de Mannheim (1952) em analisar "visões de mundo" (*Weltanschauungen*), que devem ser entendidas como construções realizadas a partir de ações práticas resultantes de experiências comuns à vida de vários sujeitos. Tal método é portanto, uma construção coletiva que faz parte do conhecimento definido por Mannheim como *ateórico*. De forma bem simplificada, podemos dizer que esse método consiste em explicar com base em conceitualizações teóricas esse conhecimento *ateórico*.

Como o próprio nome sugere, o objeto de estudo é o documento, que deve ser analisado em três eixos ou níveis: o primeiro é o objetivo como algo dele próprio, sem nenhuma natureza mediadora, por exemplo, os gestos, os símbolos ou ainda na forma de obras de arte; o segundo é o nível expressivo presente nas palavras ou ações que medeiam as reações; e, por fim, o nível que visa documentar as ações práticas (sentido documentário). Estes eixos devem ser analisados de forma conjunta, mas, ao mesmo tempo, interdependente, considerando que cada elemento faz parte de uma totalidade cultural (experiências, crenças, valores etc.) do grupo que produziu o documento. Além disso, é fundamental relacioná-lo com outros documentos e fenômenos históricos, tomando o cuidado para não privilegiar uma dada seção temporal em detrimento de outra.

Mais tarde, Ralf Bohnsack propõe que o terceiro nível seja considerado central e, com isso, a análise passaria a ter como foco o sentido da ação – como a prática que está sendo observada é produzida ou realizada? – ao invés da reconstrução do percurso da ação (o quê?) (Bohnsack; Weller, 2010). O interesse passa a ser o modo pelo qual as ações são desenvolvidas por um determinado grupo ou indivíduo, bem como os comportamentos incorporados ao longo do processo de socialização em um determinado contexto histórico e cultural.

Com isso, o autor destaca que o método documentário poderia ser utilizado em pesquisas qualitativas para a análise de grupos de discussão e entrevistas narrativas.

Além disso, sugere a inclusão de quatro etapas que podem contribuir com o pesquisador: interpretação formulada, interpretação refletida, análise comparativa e construção de tipos. A primeira deve reescrever as falas dos sujeitos entrevistados de forma que possam ser compreendidas mesmo por aqueles que não fazem parte do grupo social. A segunda deve apresentar comentários, reflexões e interpretações baseados nos dados analisados. É desejável que nesta etapa o foco não seja "o que" foi o centro do debate, mas, sim "como" foi debatido juntamente com as ações dos participantes da pesquisa. A terceira e quarta estão interligadas, o procedimento consiste em estabelecer comparações, padrões entre os casos estudados para construir o modelo.

Mais recentemente, Baltruschat (2010) fez uma releitura do método documentário para a análise de filmes. Para tanto, indicou os seguintes procedimentos: transcrição do filme; interpretação formulada; interpretação refletida; análise comparativa. A transcrição do filme deve ser feita com vistas a transformá-lo em um documento escrito, e essa ação implica, por exemplo, descrever as imagens. No entanto, esse procedimento pode levar a interpretações do pesquisador que venham a descaracterizar o filme. Para evitar esse tipo de "bias" há, na literatura, um indicativo utilizado por Fontes (2019) de que as imagens sejam transcritas em intervalos de meio a um segundo e acrescidas do texto falado e outros sons, ruídos e/ou músicas. Com isso, o formato textual poderia preservar as particularidades das dimensões visuais, verbais e sonoras do filme.

Já a interpretação formulada prevê uma descrição da ordem em que as cenas ocorrem e das mudanças de plano. Complementar a ela tem-se a interpretação refletida, a qual é representada em um gráfico de progressão do filme que favorece a análise estrutural formal do filme e a seleção das metáforas de foco.

Na interpretação refletida também podemos utilizar outros instrumentos e procedimentos, a saber: entrevistas, rodas de conversas, grupos focais, roteiros dos vídeos, e os registros da observação participante no caderno de campo. Essa multiplicidade de fontes contribui para que os aspectos sociais, históricos e culturais sejam incluídos na análise e para a compreensão, por exemplo, do porquê de uma dada ideia matemática ser comunicada de uma forma específica em um vídeo produzido por um determinado grupo.

A última etapa do método documentário adaptado para filmes é a análise comparativa. Como o próprio nome sugere, é necessário fazer comparações entre imagens, cenas apontando convergências e divergências a respeito dos conhecimentos *ateóricos* do grupo que produziu o vídeo. No entanto, é importante que essas comparações também sejam identificadas no texto escrito e na análise estrutural. Há, aqui, um processo análogo ao de triangulação de dados e fontes (Araújo; Borba, 2012; Borba; Scucuglia; Gadanidis, 2014).

De forma resumida o método documental, como em qualquer pesquisa qualitativa, não admite a elaboração de hipóteses ou de qualquer tipo de validação de resultados. Além disso, ele propõe a teorização do conhecimento *ateórico* com base em sua identificação e descrição – apresentação explícita.

Miniciclones de aprendizagem expansiva com vídeos digitais

Os miniciclones de aprendizagem (ou transformações) expansiva propostos por Souto (2013; 2014) e Souto e Borba (2016; 2018) é uma perspectiva metodológica e que foi elaborada com o intuito de contribuir para compreensões que dizem respeito aos movimentos que podem ocorrer em um sistema de atividades seres-humanos-com-mídias, apresentado no Capítulo 4. Sua gênese está no conceito de ciclos de aprendizagem expansiva de Engeström (1999), nas teorizações que a Escola de Helsinque utilizava inicialmente para compreender as relações de trabalho e nas discussões de Borba (1993; 1999) sobre o modo como as mídias reorganizam nosso pensamento e nos permeiam assim como somos por elas permeados. Pode, portanto, ser considerado uma releitura híbrida dessas ideias para pesquisas em Educação Matemática. Além disso, havia a necessidade do desenvolvimento de uma organização de procedimentos e elementos conceituais que pudessem contribuir de forma específica para a compreensão de movimentos em um sistema de atividade seres-humanos-com-mídias (Souto, 2013; 2014).

Engeström (1999) explica os ciclos de aprendizagem expansiva em sete estágios bem delimitados, quais sejam: (i) questionamento; (ii) análise da situação; (iii) modelagem da nova situação; (iv) escolha do melhor modelo; (v) implementação do melhor modelo; (vi) avaliação do modelo implementado; e (vii) consolidação da prática. Souto e Borba (2016; 2018) entretanto, interpretam os miniciclones de aprendizagem expansiva como movimentos mais difusos que podem ocorrer em curtos espaços de tempo, como uma aula, por exemplo, e sem a necessidade de uma consolidação da prática, mas com a indispensabilidade de se considerar que as tecnologias (como os vídeos digitais) extrapolam seu papel de artefatos e contribuem para os movimentos do próprio miniciclone.

A noção de miniciclone tem se mostrado, também, como uma opção analítica para pesquisas com vídeos que busquem compreensões sobre o papel, a influência, as contribuições, dos diversos atores que participam do processo de aprendizagem, particularmente o ator tecnológico. Trabalhando com vídeos do tipo *cartoons* matemáticos digitais[13] Costa (2017, p. 133), por exemplo, concluiu que os miniciclones de aprendizagem expansiva permitiram compreender o modo como a "produção dos *cartoons* contribuiu para a mudança da 'imagem encapsulada' da Matemática, à medida que influenciaram a reorganização do pensamento matemático". Estudantes que não gostavam de Matemática por considerá-la complicada, algo totalmente isolado sem relações com a realidade vivida por eles, revelaram que passaram a vê-la com maior interesse em virtude das várias possibilidades de aplicações no "mundo real" que identificaram de uma forma que jamais haviam imaginado.

Em miniciclones de aprendizagem expansiva, a experimentação e a análise de conjecturas se fundem em movimentos de reorganização do pensamento (Tikhomirov, 1981; Borba, 1993; 1999) que podem

[13] *Cartoons* matemáticos digitais são produções audiovisuais – desenhos, colagens ou modelagens – animados por meios digitais (softwares, aplicativos etc.) que visem à comunicação de ideias matemáticas (SOUTO, 2016).

gerar novas tensões e, assim, alimentar o desenvolvimento do próprio sistema. Essas tensões podem ser consideradas como possibilidades expansivas, como buscar com diferentes mídias distintas formas de representar e/ou construir e/ou reconstruir um conceito matemático. Entretanto, é preciso atentar-se ao fato de que elas também podem ser negativas e até mesmo estagnar o sistema, ou seja, restringir ou interromper o processo de aprendizagem. Esses tipos de tensões são discutidos por Souto e Borba (2016, 2018) com base em dados empíricos.

Um caminho "natural" ao se produzir um vídeo digital é pesquisar páginas, sites, portais, blogs, enfim, materiais disponibilizados na internet que estão impregnados de crenças, valores éticos e morais e imagens sobre a Matemática de quem as produziu.

> Entendemos que esses movimentos sugerem que a internet (a forma de apresentação do conteúdo consultado) transmitiu ao sistema algumas normas sociais historicamente construídas, as quais preconizam uma Matemática exata, abstrata, rígida e linear e, com isso, interferiu nos movimentos do miniciclone de transformações expansivas, o qual teve seu desenvolvimento retraído. Esse tipo de comportamento sugere que a internet moldou a forma de produzir matemática dos professores participantes (Souto; Borba, 2016, p. 23).

As tensões surgem ao longo do processo de moldagem recíproca (Borba, 1999), gerando distintas necessidades e, com isso, uma determinada mídia pode ser impulsionada a ocupar outras posições dentro do sistema seres-humanos-com-mídias analisado.

Um miniciclone, a exemplo do fenômeno da natureza ciclone, pode ter movimentos de rotação – acontecimentos internos que ocorrem no âmbito do sistema analisado, ou seja, dentro de uma aula seja ela presencial ou online – e movimentos de translação – que também ocorrem no sistema, mas em virtude de influências externas de outros sistemas. Em outras palavras, são alavancadas por questões sociais, culturais, econômicas que muitas vezes estão historicamente estruturadas (Souto; Borba, 2016; 2018).

É muito difícil prever com exatidão a direção ou o caminho que um miniciclone irá percorrer. No entanto, afirma Souto (2013), algumas características aparecem de forma mais acentuada, quase configurando "padrões" de comportamentos. O início de um miniciclone, em geral, pode ser identificado quando surgem dúvidas, questionamentos, críticas, autocríticas que coloquem em xeque um padrão de produção matemática relativamente estável.

Nesse instante inicial, o pesquisador deve verificar nos dados o desejo pela busca de algo novo, desconhecido, nunca antes pensado pelos sujeitos (atores humanos e não humanos) do sistema de atividade. É importante observar também que nesse momento inicial as tecnologias – vídeos – ocupam frequentemente o papel de artefatos no sistema de atividade, mediando as relações entre os sujeitos e o objeto da atividade.

A partir daí, rotações e translações podem ocorrer a qualquer momento e em várias direções, indicando o surgimento de contradições internas. Um movimento de rotação pode ocorrer, por exemplo, nas quebras de *script* (Hardman, 2007; Souto, 2013), que são as rupturas, interrupções, pausas, reorganizações no/do planejamento do professor. Geralmente são propostas e lideradas pelos aprendizes, que assumem com autonomia os processos de ensino e de aprendizagem ao se deparar com novas regras, novas formas de organização do trabalho ou até mesmo ao interagir com tecnologias que não lhes são usuais. Mas podem, também, ser decorrentes de *insights* do próprio professor.

Quando o pesquisador identifica esse tipo de movimento, é fundamental que se observe se houve ou não um deslocamento do ator vídeo (não humano) da condição de artefato para outro vértice qualquer, como comunidade, objeto. Isso porque esse tipo de análise pode favorecer a compreensão sobre o processo evolutivo da aprendizagem.

Outro tipo de movimento de rotação pode ocorrer no processo de constituição de um coletivo pensante de atores humanos com tecnologias – os vídeos. Isso porque, conforme discutimos anteriormente, as tecnologias, assim como os humanos, possuem *agency*, são protagonistas e agentes mobilizadores. Do ponto de vista da vertente ou possível nova geração da Teoria da Atividade que defendemos no Capítulo 4, podemos afirmar que elas (as tecnologias), neste tipo de movimento, passam a compartilhar o papel de sujeitos no sistema. Os *feedbacks* dados por um vídeo provocam reorganizações no pensamento dos seres humanos, que, "pensando com" eles, experimentam, simulam, testam e analisam conjecturas. Com isso, um movimento coletivo e colaborativo se organiza, e nele os conceitos matemáticos podem ser reorganizados e (re)construídos.

Em síntese, os movimentos de rotação estão estreitamente ligados aos papéis que as TD – os vídeos – podem ocupar na unidade mínima de análise em um dado momento de desenvolvimento do miniciclone. Dito de outra forma, as tecnologias se movimentam e, com isso, podem fazer o sistema analisado avançar, estagnar ou até mesmo retroceder (Souto; Borba, 2016; 2018).

Em meio às rotações, é possível, com os conceitos de moldagem recíproca (Borba, 1993; 1999), encontrar pistas que levem à caracterização do objeto do sistema. Para tanto, a identificação do modo como uma tecnologia – o vídeo – exerce *agency* – influencia as ações dos atores humanos – e vice-versa, de modo a transformar qualitativamente o pensamento e, consequentemente, o processo de aprendizagem da Matemática é fundamental. Conseguir expressar uma mesma ideia matemática de múltiplas formas, de modo a relacionar diferentes tipos de representações, é um bom indicativo que pode contribuir para a identificação do objeto da atividade.

De modo complementar a isso, Souto (2013) esclarece que a busca por respostas às seguintes questões pode trazer contribuições importantes para o pesquisador: o que se deseja estudar ou abordar (no vídeo)? O que se está efetivamente estudando ou abordando (no vídeo)? Como os sujeitos se mobilizaram em busca de superações e/ou caminhos alternativos nunca antes pensados por eles para solucionar uma dada situação? Por que eles se mobilizaram de tal forma? Para além desses procedimentos, é importante também um olhar analítico voltado às influências externas ao sistema, ou seja, as translações.

Para exemplificar deslocamentos caracterizados como translação de miniclones, sugerimos que devam ser observadas as influências externas (outros sistemas) que possam ter contribuído para o rompimento de padrões ou que pelo menos à desestabilização de crenças reprodutivas ou práticas "encapsuladas" já arraigadas. Em geral, as translações são marcadas por contradições internas historicamente construídas pela forma como temos aprendido e ensinado, em particular a Matemática, como algo fragmentado, isolado em cápsulas (geometria, álgebra, aritmética), sem relação entre si e com o "mundo" - meio ambiente, economia, desigualdade social, crenças e valores culturais, entre outros aspectos. Essas translações podem ter sua análise favorecida quando esta passa a ser realizada com base nas ideias de Engeström (2001) sobre a constituição de redes de sistemas de atividade nas quais o contexto social, histórico e cultural exerce influência sobre a aprendizagem matemática.

Para identificar a finalização de um miniciclone, é necessário verificar se os sujeitos conseguem elaborar, discutir e justificar uma solução produzida para um dado problema a partir de conexões multimodais e intermídias que não haviam sido pensadas até então pelos sujeitos da atividade e que, com isso, resulte em novas formas qualitativas de expressão do pensamento matemático. Dito de outra forma, um miniciclone chega ao seu final quando a aprendizagem expansiva ocorre, ou seja, quando movimentações em um sistema de atividade seres-humanos-com-mídias sugerem uma busca, de forma crítica, coletiva e colaborativa, por um modo que não havia sido, em outras situações, pensado por eles para compreender e/ou reconstruir entendimentos sobre determinado problema ou conteúdo matemático (Souto, 2013; 2014). A seguir, a Figura 10 apresenta uma síntese dos movimentos em um miniciclone de aprendizagem expansiva.

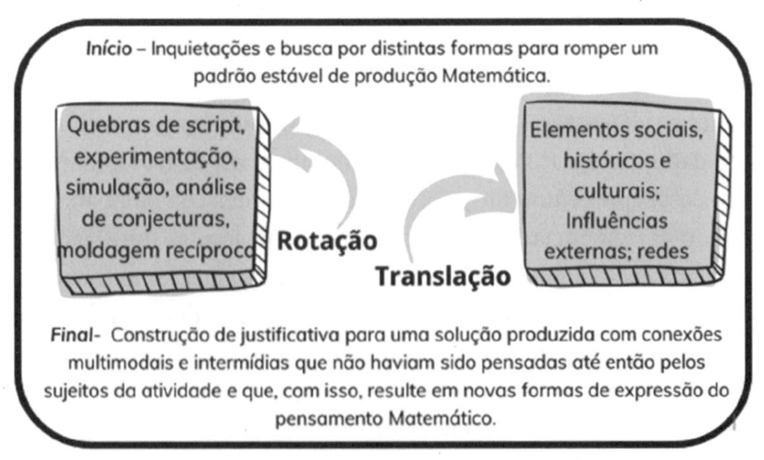

Figura 10: Síntese dos movimentos de um miniciclone de aprendizagem expansiva. Fonte: elaborada pelos autores.

Na imagem da Figura 10, destacamos que em miniciclones de aprendizagem expansiva os movimentos iniciais e finais possuem uma relativa facilidade de ser identificados quando comparados a rotações e translações. Isto porque eles (início e fim) possuem características que se repetem com maior frequência, podendo ser considerados como "padrões", enquanto elas (rotações e translações) geralmente ocorrem de formas aleatórias e podem, até mesmo, ter algumas características muito específicas que são verificadas em um dado sistema, e em outro, não.

Entendemos que a pesquisa é sempre situada. E no caso específico das investigações dedicadas aos vídeos, há um movimento constante em que se percebe uma retroalimentação na qual os aportes metodológicos que a constituem a moldam e, ao mesmo tempo, são por elas redesenhados. Nesse sentido, novas perguntas de pesquisa surgem à medida que novas tecnologias envolvidas na produção de vídeos transformam as potencialidades dessa mídia. Isso possibilita pensar novas práticas pedagógicas, o que exige novos designs metodológicos e aportes teóricos que deem conta de compreender as formas qualitativamente novas de produzir conhecimentos que daí emergem.

Capítulo 6

Atores humanos e não humanos e o futuro da Educação Matemática pós COVID-19

Conforme discutimos ao logo deste livro, a pandemia da COVID-19 transformou de forma abrupta a vida de todos nós, indistintamente. Literalmente todo o mundo foi afetado, e o vírus SARS-CoV-2 atingiu todas as classes sociais, embora, é claro, tenha chegado de forma ainda mais avassaladora aos mais pobres. Passamos a "viver online"! Fazer compras, transações bancárias, reuniões de trabalho, festas, eventos etc. Nesse ínterim, estudar sem a presença física se tornou uma necessidade de sobrevivência. Tudo isso foi possível com o uso de computadores de mesa, notebooks, tablets, smartphones e outras tecnologias que permitem acesso à internet e, em diferentes graus, a interação com amigos, parentes, colegas de trabalho e, inclusive, com outras tecnologias.

O online se tornou tão fundamental porque a COVID-19 é causada por um vírus invisível que pode se propagar de pessoa para pessoa por meio de secreções (gotículas) do nariz ou da boca que se espalham quando alguém que está infectado tosse, espirra ou fala. Ele não possui um padrão claro, pois se modifica conforme entra em contato com os seres humanos, desenvolvendo as chamadas novas cepas, o que dificulta a busca por cura ou imunização. Pode ser extremamente letal, levando à morte uma pessoa em poucos dias ou, contraditoriamente, não gerar nenhum sintoma em outra. Além disso, a pessoa infectada pode estar transmitindo, por vários dias, sem apresentar nenhum sintoma.

Com isso, a maioria dos líderes mundiais seguiu as orientações de grande parte dos especialistas e da Organização Mundial da Saúde (OMS), que recomendaram o isolamento social como a principal ferramenta para controlar, desacelerar e – com a contribuição das ciências, principalmente na formulação de vacinas – deter a pandemia. Tudo ocorreu de forma tão rápida que, na Educação Matemática, por exemplo, podemos dizer, metaforicamente, que em um dia dormimos como professores na modalidade presencial e, no outro, acordamos sendo professores no ensino remoto emergencial, que tem como uma de suas principais características a Educação online. Esse movimento repentino não nos permitiu pensar essas novas práticas em diálogo com as pesquisas, ou seja, construindo-as em uma dialética prática-teoria, tornando-as práxis, conforme enfatiza Paulo Freire.

Essa mudança abrupta tem gerado tensões, conflitos, dilemas e desafios a todos nós, o que inclui professores, gestores, pesquisadores, pais e alunos. Mas, ao mesmo tempo, também nos mobiliza, nos transforma e nos fez, em um curto espaço de tempo, construir possibilidades, superar as adversidades, enfrentar o obscuro, enfim, aprender com o que não estava "aqui": o desconhecido. Por vários meses, era impossível não "viver" a possibilidade da morte, não se preocupar com o que não se pode ver.

Essas adversidades e dúvidas também estavam presentes na Educação: ter aula "normal" poderia ser suicida e genocida; não ter aula pode levar a uma perda de vínculo com a escola. Ter aula online para crianças era algo ainda não pesquisado (Engelbrecht *et al.*, 2020). Recorrendo aos aportes da Teoria da Atividade, tivemos que reinventar o objeto da atividade educacional, expandido esse espaço-problema coletivamente compartilhado a um novo horizonte de possibilidades, em que o *agency* de novos atores humanos e não humanos, vivos e não vivos foi a presença.

Muitas pesquisas (Borba; Scucuglia; Gadanidis, 2014; Javaroni; Zampieri, 2019; Engelbrecht *et al.*, 2020) destacavam que o uso de tecnologias digitais (TD) na Educação Matemática, antes da pandemia, tinha passos lentos em relação ao modo como elas eram desenvolvidas, aprimoradas e utilizadas em outras atividades rotineiras. Atualmente, com a evolução da COVID-19, a presença dessas tecnologias e a crescente inovação das mesmas ganharam celeridade tanto nos contextos educacionais como fora deles. Entretanto, o ritmo das transformações ainda não é o mesmo, o que termina por acentuar essa discrepância. São raros os casos em que conseguimos utilizar uma dada TD em nossas aulas sem que a mesma já tenha sido superada por uma novidade, um *software* recém lançado, a atualização de um aplicativo. Essa premissa sugere que um processo de desatualização generalizado pode ser uma realidade difícil, senão impossível, de controlar.

A maneira como a COVID-19 impôs transformações à Educação Matemática, principalmente no que concerne aos novos papéis das TD, fez com que reorganizássemos a escrita deste livro. A maior parte das pesquisas apresentadas aqui foram desenvolvidas antes da pandemia, contudo vislumbramos em seus resultados o quão estreitas eram as relações que poderiam ser estabelecidas entre elas e a crise sanitária. Foi o que fizemos! Mais ainda, parece patente que boa parte das pesquisas feitas dentro da tendência que se preocupa com as TD em Educação Matemática não foi utilizada na hora do ensino emergencial remoto. Precisamos, portanto, problematizar mais ainda a relação entre pesquisa e sala de aula (Borba; Almeida; Gracias, 2018).

Tudo tem acontecido de forma tão súbita que não é possível prever como a pandemia estará quando este livro chegar a você, leitora ou leitor. Há os que defendem que ela irá durar mais alguns meses, outros que sugerem que serão necessários mais alguns anos. No entanto, o que podemos afirmar é que os resultados de pesquisas científicas, como a elaboração e a aplicação de vacinas, são animadores e têm renovado nossas esperanças de que tudo isso, em algum momento, vai passar. Com base nessa confiança que temos na ciência e na tentativa de não sermos surpreendidos novamente, passamos a nos perguntar: afinal, qual o futuro da Educação Matemática pós-COVID-19? Sem dúvidas, essa não é uma pergunta fácil ou simples de ser respondida, e certamente vocês, leitoras e leitores, terão mais de uma opinião.

Nós, entretanto, em uma releitura coletiva de Borba (2021), optamos em construir reflexões sobre ela apoiados em três tendências em Educação Matemática: a que se dedica às TD; a Filosofia da Educação Matemática; e a Educação Matemática Crítica. Isso porque, conforme argumentamos nos capítulos 2, 3 e 4, o *agency* desse vírus causador da COVID-19 nos mobiliza, enquanto professores e pesquisadores, para buscarmos, do ponto de vista pedagógico, as formas mais apropriadas para usarmos as TD em nossas práticas online, como a produção de vídeos, a realização de *lives*, entre outras. Para tanto, é desejável que consideremos, minimamente, questões epistemológicas, especialmente sobre como se aprende com uma dada tecnologia e as características sociais, históricas e culturais – em particular as desigualdades – em relação, por exemplo, ao acesso às tecnologias digitais do contexto em que atuamos.

É certo que não retornaremos ao passado, uma vez que a ideia de que tudo voltará a ser como antes é utópica. A própria noção de que a unidade básica de produção de conhecimento ao longo da história é formada por um coletivo de seres-humanos-com-mídias (ou atores humanos e não humanos) que se reorganiza, molda-se e transforma-se reciprocamente nos dá sustentação teórica para essa afirmação. O fato é que humanos e vírus estão secularmente conectados e o *agency* desse novo vírus, o SARS-CoV-2, revelou o fosso da desigualdade social, reverberando em mudanças nas próprias tendências em Educação Matemática (Borba, 2021).

É importante ressaltar que entendemos uma tendência em Educação Matemática, conforme afirmado em D'Ambrosio e Borba (2010), como uma resposta a novas problemáticas e demandas sociais. Nesse sentido, tendência não significa moda, como quando o termo é empregado para dizer de tendências da estação primavera-verão, mas um esforço coletivo, empreendido por vários coletivos de seres-humanos-com-seres-vivos-e-não-vivos no intuito de problematizar, produzir respostas, superar determinada situação.

Assim, dentro da tendência de uso das TD emergem interrogações múltiplas que indicam a premência de estudos que abordem, por exemplo, o modo como a Educação Matemática ocorre de forma online para crianças, considerando os papéis da família, do ambiente doméstico em que vivem e das desigualdades em relação ao acesso às TD.

> Temos os coletivos de pais-casa-internet-aluno-professor como unidade mínima do agente coletivo que produz conhecimento. A casa e os pais, as coisas e os humanos contribuíram para aumentar a desigualdade social e as discussões sobre como usar a tecnologia digital na educação matemática (Borba, 2021, p. 12, tradução nossa).

Questões dessa natureza, as quais vão ao encontro das tendências Filosofia da Educação Matemática e Educação Matemática Crítica, surgem como desdobramentos do poder de ação do vírus na Educação Matemática, na busca por respostas para o estado de coisas que envolve a atual crise sanitária. Urge a necessidade de aprender como construir e implementar currículos que possam superar as desigualdades sociais!

Essas problematizações, movimentos indicativos de mudanças nas tendências em Educação Matemática, bem como as discussões que levantamos aqui são contribuições que acreditamos serem importantes para compreendermos o momento em que vivemos e considerarmos possibilidades sobre para onde estamos indo para além da própria Educação Matemática. Acreditamos que também podem lançar luzes sobre uma nova agenda, dentro da quinta fase das TD, de pesquisas e ações em diferentes ambientes de sala de aula para os interessados nessas tendências em sua conexão com a pandemia.

As Tecnologias Digitais em Educação Matemática: uma tendência em movimento

A tendência que tem como foco de estudos as inter-relações entre TD e Educação Matemática é, a exemplo de todas as outras, um esforço coletivo e organizado que busca responder aos anseios, preocupações e problemas que surgem em determinados momentos, de maneira que está em contínua transformação. Pode-se dizer que ela, especificamente, tem sua gênese na história contemporânea, pois é uma jovem com pouco mais de 30 anos (Borba, 2021). Nesse período, foram tantos os avanços e a manifestação de novas demandas que a sua própria nomenclatura passou a ser múltipla. Já foi – e, em determinadas situações, ainda é – chamada de Educação Matemática e novas tecnologias, informática, TD da informação e comunicação, entre outras. Já teve sua jornada descrita em fases, conforme destacamos no primeiro capítulo.

Uma tendência pode começar quando pesquisadores apontam o problema. No caso das Tecnologias Digitais em Educação Matemática, o problema germinal emergiu frente à necessidade de se compreender como usar computadores na Educação Matemática em um tempo em que a própria expressão tecnologia digital ainda não havia sido cunhada. O fato é que uma tendência vai se mantendo e/ou se transformando à medida que os obstáculos superados não são esgotados e novos surgem. Assim, tem sido com Tecnologias Digitais em Educação Matemática, com debates, discussões, problematizações em grupos de trabalho, de discussão, painéis, mesas redondas, publicações (*e.g.* Menghini *et. al.*, 2008; Borba, 2018), ou seja, com pesquisas, diálogos e ações educacionais que têm constituído, dialeticamente, uma práxis, conforme entende Paulo Freire (Freire, 1996).

O modo como essa tendência tem tido sua agenda de pesquisa transformada ao longo do tempo, sua força, dimensão e a forma como há um enorme envolvimento de muitos pesquisadores, professores e alunos podem ser encontrados com maior riqueza de detalhes em Borba, Scucuglia e Gadanidis (2014), que sistematizam em quatro fases o modo como as TD têm sido usadas em Educação Matemática, o que apresentamos de forma breve no primeiro capítulo deste livro.

A primeira fase, conforme salientamos no Capítulo 1, tem como marca a presença do *software* Logo ao longo da década de 1980, enquanto a segunda fase, que emergiu na década de 1990, tem nos *softwares* de conteúdo específico, sem a necessidade de programação, sua impressão digital. A atriz internet, que tem sido a grande protagonista durante esta pandemia, popularizou-se no Brasil por volta da virada do século, caracterizando a terceira fase das tecnologias digitais em Educação Matemática e, com isso, abrindo espaço para os cursos *online*. Em um curto espaço de tempo, foram grandes os avanços dessa tecnologia, como o desenvolvimento da internet rápida, que trouxe possibilidades até então ainda não experimentadas ou até mesmo nunca antes pensadas para uso na Educação Matemática online. Estávamos na quarta fase. É ainda nessa fase que começam a surgir os modelos de aprendizagem e formação de professores como a cyberformação de Rosa (2015a, 2015b) e outros combinados ou híbridos que, com a necessidade das medidas sanitárias impostas pela COVID-19, expandiram-se em larga escala e em um curto espaço de tempo, ao longo de 2020 e no início de 2021.

Com o avanço da vacinação, vivenciamos, na segunda metade de 2021, uma redução do número de casos e de mortes causadas por este vírus, e o ensino híbrido se mostrou uma alternativa para o retorno gradativo do ensino presencial. A flexibilização das atividades escolares, com o revezamento dos alunos organizados em grupos para a realização de trabalhos presenciais combinadas com interações online, tendo em ambos o uso de diversos tipos de tecnologias (digitais ou não), foi a opção da maioria dos casos utilizada no segundo semestre de 2021. Entretanto, no início da pandemia, no primeiro semestre de 2020, crianças, jovens e adultos passaram a vivenciar suas experiências de aprendizagem online ou off-line com apostilas ou outros artefatos em suas casas.

Esses movimentos são, sem dúvida, buscas por respostas para esses problemas que a COVID-19 tem causado na Educação e, com isso, verifica-se um impulsionamento, uma transição dentro da tendência de TD e Educação Matemática. As pesquisas que se preocupam com Educação online para adultos em cursos de graduação e extensão já são em grande número e ocorrem pelo menos há 30 anos (Borba; Malheiros; Amaral, 2021). Entretanto, não se observa tal quantidade nos níveis fundamental e médio de ensino. Essa é outra demanda do "online" e do "híbrido" que essa pandemia nos desafia a atender. Como lidar com questões estruturais? Como a participação dos pais ou responsáveis influencia na aprendizagem? Estas são algumas das questões emergentes que teremos que lidar dentro da tendência de Tecnologias Digitais em Educação Matemática e que marcam o surgimento da quinta fase das tecnologias digitais em Educação Matemática.

Temos também que nos preocupar com os professores. Os órgãos de imprensa, há algum tempo, vêm destacando a exaustão desses profissionais com a sobrecarga de trabalho durante a pandemia, na própria internet há uma infinidade de memes e vídeos bem-humorados que retratam com leveza essa situação – que é grave, como o ilustrado na Figura 11. WhatsApp e outras redes sociais são os canais preferidos pelos alunos, porque eles buscam respostas rápidas, e do outro lado está o professor, que se desdobra para atender às expectativas dos alunos, quase que em horário integral, incluindo, ainda, lidar com problemas pessoais dos estudantes advindos do estresse associado ao isolamento e da desigualdade social que se aprofundou com a pandemia.

Figura 11: Meme satirizando o trabalho dos professores durante a pandemia. Fonte: elaborado pelos autores, baseados em memes da internet.

Com isso, "a aula não acaba quando termina", ou seja, as interações síncronas possuem horário para seu início e fim, mas as interações assíncronas, com alta exigência de *feedbacks* quase que instantâneos, continuam o tempo todo. Como se não bastasse isso, os professores precisam, de forma muito rápida, adquirir "fluência" para organizar suas aulas em múltiplas plataformas, produzir e editar vídeos, produzir material impresso como apostilas, tudo isso na tentativa de dar acesso às atividades escolares a todos os alunos. Até bem pouco tempo, os celulares eram proibidos em sala de aula (Borba; Lacerda, 2015), e as TD eram subutilizadas nas escolas (Javaroni; Zampieri, 2019), enquanto a formação de professores ainda tratava o uso dessas tecnologias em segundo plano (Lima;

Souto; Kochhann, 2018; Bragagnollo; Oenning; Souto, 2019; Silva, 2018). Com a chegada da COVID-19, tudo isso ganhou outros desdobramentos.

Ainda há outra questão: o processo de avaliação. Como organizar o processo de avaliação online? Como avaliar crianças online? A participação dos pais é permitida em qual medida? Também não temos tais respostas ainda, nem pesquisas sobre esse tipo de problema que é latente e aflige principalmente os professores que não têm formação para lidar com essa situação.

Em meio a tudo isso, temos o professor tensionado para fazer esse sistema todo funcionar com qualidade e sem prejuízos à aprendizagem, porém sem saber como e sem ter recebido, na maioria dos casos, formação para isso. Mesmo assim, sua única alternativa era ficar online! E isso sem as mínimas condições para se preparar, planejar, estudar as características, possibilidades e restrições dessa nova modalidade, nem mesmo para comprar os equipamentos necessários. Sim, este último foi outro aspecto que gerou tensões, pois está diretamente relacionado ao poder aquisitivo dos professores. Com a histórica desvalorização dessa profissão, a remuneração recebida por eles impunha limites para a compra de telefones celulares, notebooks e bons planos de internet que viabilizassem o seu trabalho.

Em relação à forma como as crianças e suas famílias vivenciam todas essas novidades do online na Educação escolar de dentro de seus lares, também há muito humor nas redes sociais. Pais "enlouquecidos" tendo que lidar com seu próprio trabalho, que passou a ser feito em home-office, e ao mesmo tempo tentando tornar-se "professores" de seus filhos. Temos aqui uma nova agenda de pesquisa que a quinta fase traz consigo: qual o papel dos familiares na Educação Matemática online?

A produção de vídeos digitais por alunos é outra vertente das pesquisas do Grupo de Pesquisa em Informática, outras Mídias e Educação Matemática (GPIMEM) que, com as exigências pandêmicas que acompanham o advento da quinta fase, passou a ganhar uma outra dimensão na literatura. Tanto a produção como o uso de vídeos, inclusive nos processos avaliativos, pode se solidificar nas práticas docentes pós-pandemia. Para a produção de um vídeo, as principais regras são motivação, criatividade e colaboração. Alunos, pais, professores, amigos, todos podem participar com a contribuição de diferentes tecnologias, de modo que seja uma construção coletiva e prazerosa. É desejável que todos os esforços sejam valorizados sem que haja nenhum tipo de rotulação ou escala numérica em relação ao produto final. O foco central desse tipo de vídeo deve ser a mensagem e as ideias matemáticas que ele transmite, além da possibilidade de aplicar a Matemática nos mais diversos contextos e com um olhar crítico-problematizador, como dizia Paulo Freire. Uma boa forma de ilustrar esse nosso pensamento é trazer a vocês, leitoras e leitores, um vídeo. Apontem a câmera do seu celular para o *QR Code* ao lado da Figura 12 e vejam uma das produções de alunos e professores!

Figura 12: Frame do vídeo "MathNews" e o *QR Code* para acesso.
Fonte: <https://youtu.be/sz_8EKAuh5Q>. Acesso em: 9 dez. 2021.

O vídeo "MathNews" é uma produção de alunos com seus professores e foi apresentado na quinta edição do Festival de Vídeos Digitais e Educação Matemática. Ao longo deste livro, particularmente nos capítulos 2 e 3, discutimos como o volume de pesquisas com foco na produção e no uso de vídeos digitais na Educação Matemática é crescente, além de como o Festival de Vídeos Digitais e Educação Matemática[14] tem possibilitado a composição de um grande repositório com mais de seiscentas obras que podem ser acessadas de forma gratuita e contribuir com professores e alunos. A consolidação do uso de vídeos digitais ocorre na quarta fase das tecnologias digitais em Educação Matemática, mas os enfoques pedagógicos apoiados na produção de vídeos por alunos e a realização de festivais tem se intensificado nesse princípio de quinta fase.

Para além dessas novas demandas, é possível que estudos já desenvolvidos, inclusive com interface em outras tendências, sejam revisitados. Há uma forte defesa (*e. g.* ENGELBRECHT *et al.*, 2020) de que as mais diferentes tecnologias utilizadas em sala de aula, do quadro negro aos smartphones de última geração, não desempenham necessariamente apenas o papel secundário de mediadores da aprendizagem, mas também são protagonistas nesse processo. Esse debate não é recente! É uma questão epistemológica que tem sido discutida, principalmente, dentro da Filosofia da Educação Matemática.

Filosofia da Educação Matemática e o poder de ação na noção de seres-humanos-com-mídias

Pode-se dizer de uma forma bem simplista que filosofia lida com questões relacionadas à construção de sentidos que envolvem o ser, valores, realidade, verdade e a necessidade de se assumir uma visão crítica despida de preconceitos. Desde muito cedo, aprendemos que a busca por respostas para questionamentos tais como "Quem sou? Qual o sentido da minha vida? Para onde vou?" estão envolvidas no ato de filosofar, assim como "O que é verdade? O que é realidade?", entre outras tantas. Naturalmente, os princípios da filosofia deixam traços dentro da Filosofia da Educação e, consequentemente, da Filosofia da Educação Matemática. Ambas se preocupam, em diferentes graus e focos, com as relações entre Educação e sociedade, sobre

[14] Disponível em: <https://www.festivalvideomat.com>. Acesso em: 31 jan. 2022.

como sabemos, como aprendemos, por que temos Educação, qual o sentido de ensinar e muitas outras inquietações.

Os grupos de trabalho que se dedicam à tendência Filosofia da Educação Matemática existem há mais de vinte anos. Pesquisas sob a égide dessa tendência retornam às práticas docentes desenvolvidas nos mais diferentes tipos de ambientes, que vão desde as salas de aulas presenciais como convencionalmente estamos acostumados a nos referir, passando por espaços não formais, até os ambientes virtuais de aprendizagem que têm sido, durante a pandemia do novo coronavírus, a opção mais "viável" do ponto de vista da segurança sanitária. Isso inclui considerar influências da ansiedade referente ao confinamento, interesses, motivações, entre outras questões que são temas de estudos no âmbito da tendência Psicologia da Educação Matemática.

Uma interface das tendências Filosofia da Educação Matemática e Tecnologias Digitais em Educação Matemática remete à própria visão de conhecimento subjacente ao construto seres-humanos-com-mídias, que traz consigo a posição de que os seres humanos não podem ser compreendidos sem levar em consideração os coletivos de seres-humanos-com-coisas que se modificam ao longo da história e que incluem seres vivos e não vivos e até mesmos organismos sobre os quais pairam dúvidas se são vivos ou não. Um exemplo concreto das imbricações entre essas duas tendências pode ser constatado em Villarreal e Borba (2010), que refletem sobre o modo como a Matemática é produzida nos diferentes formatos de sala de aula por distintos tipos de coletivos seres-humanos-com-mídias ao longo da história.

Esse entrelaçamento entre tendências é caracterizado por D'Ambrósio e Borba (2010) a partir da metáfora da tapeçaria. Desse modo, não nos parece fortuita a ideia de que as discussões sobre quem é o agente que produz conhecimento perpassem mais de uma tendência como a das Tecnologias Digitais em Educação Matemática e a Filosofia da Educação Matemática.

Conforme apresentamos no Capítulo 3, a metáfora seres-humanos-com-mídias, que permite sustentar a concepção de que as tecnologias possuem *agency*, teve início em Borba (1993) e continua inspirando questões de pesquisa. As grandes inspirações a essa teorização foram Lévy (1993) – filósofo e sociólogo – e a abordagem fenomenológica de que humanos "estão-com-outros". O *agency*, neste caso, está imbricado na conceituação de moldagem recíproca, a qual discute o modo como diferentes mídias moldam (ou transformam) os humanos, assim como também os humanos são moldados (ou transformados) por elas. Mais tarde, Borba e Villarreal (2005) sistematizam como essa perspectiva poderia ser entendida de forma mais pragmática com base em Lévy (1993), Lave (1988) e Tikhomirov (1981) e apontam que "conhecer" não era apenas no sentido social de envolver mais de uma pessoa, mais também coisas.

Nesse sentido, a noção de seres-humanos-com-mídias enfatiza que o agente que produz conhecimento é coletivo e formado por humanos e coisas. Essa posição epistemológica deságua em questões fundamentais, como as discutidas em Borba (2012), que envolvem valores, interesses, emoções e outros sentimentos, os quais são influenciados pelas mídias envolvidas. Tais questionamentos flagram a imbricação entre a tendência dedicada às tecnologias e aquela denominada Psicologia da Educação Matemática. Afirmações dessa natureza sugerem que é necessário um novo olhar sobre a ideia de que tecnologias mudaram as noções do que é "ser humano", e o poder de ação (*agency*) delas é uma noção-chave para explicar tudo isso.

Conforme abordamos no Capítulo 3, a capacidade de produzir ações (*agency*) assume intensidades distintas em diferentes agentes: coisas naturais, coisas culturais, seres vivos, seres não vivos etc. Entendemos que a noção de *agency* deva ser vista como algo "difuso", cuja intensidade se traduz em uma Matemática não determinística, em que podemos ter graus ou nuances de *agency*. Metaforicamente, podemos relacionar esse conceito com cores, conforme ilustramos na Figura 13.

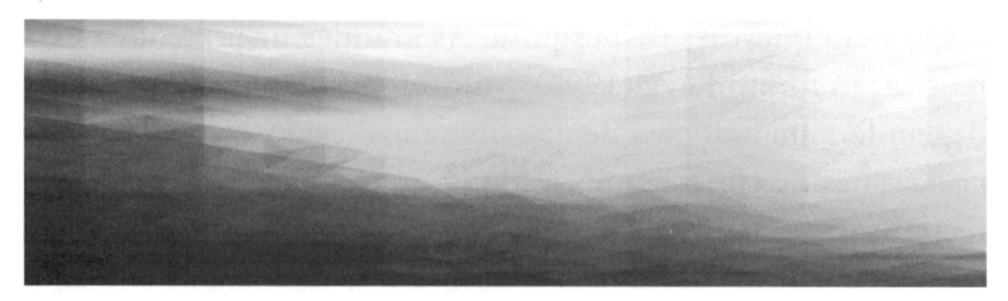

Figura 13: Ilustração da metáfora do *agency* em cores.
Adaptado de: <https://bit.ly/3Igd8ut>. Acesso em: 9 dez. 2021.

Se o poder de ação pudesse ser representado pela cor cinza, por exemplo, ele seria semelhante ao ilustrado na Figura 13, com diferentes nuances ou meios-tons que se fundem de uma forma que não é possível estabelecer fronteiras fixas ou precisas entre eles. A noção de seres-humanos-com-mídias se harmoniza com essa visão de poder de ação que estamos propondo, como algo mais complexo que enfatiza que o conhecimento é produzido tanto numa perspectiva filosófica como psicológica, seja qual for o ambiente.

Tratando-se de ambientes online, as opiniões de senso comum, assim como os resultados de pesquisas não são consensuais no que se refere às suas possibilidades e restrições para a produção matemática. Há os que utilizarão argumentos relativos às características dos diferentes tipos de interação que esse tipo de ambiente proporciona para defender que a sala de aula presencial (face a face) é fundamental para a Educação Matemática. Em contraponto, podem haver defesas de que o online favorece uma "sala de aula distribuída" que pode ser desenvolvida em diferentes tempos e locais. Independentemente de qual seja a sua opinião, há que se reconhecer que existe um processo de transformação, que a sala de aula está em movimento e, com isso, a discussão filosófica de como se constitui a unidade de conhecimento não se esgota, assim como outras discussões dessa natureza.

Entretanto, chamamos novamente a sua atenção para o SARS-CoV-2 e o modo como podemos, com ele, discutir metaforicamente uma nova perspectiva de conhecimento que temos defendido. Não há um consenso, no âmbito das ciências, se os vírus são seres vivos ou não. Porém, a despeito dessa discussão de ordem biológica e, de certa forma, filosófica, esses seres ou coisas possuem essa íntima ligação conosco, sem os quais eles sequer conseguem existir por muito tempo. Paradoxalmente, um vírus (SARS-CoV-2) transformou drasticamente a forma como estamos vivendo e fazendo as coisas; em certa medida ou em uma nuance (Figura 13), podemos afirmar que isso significa dizer ele tem poder de ação. "O SARS-CoV-2 se espalha através de humanos para sobreviver e se reproduzir, e essa ação provoca reação – *poder de ação* – de humanos" (Borba, 2021, p. 9, tradução nossa).

Fazendo uma analogia a essas ideias com os *softwares*, por exemplo, podemos argumentar que eles também precisam de humanos para "sobreviver". Assim como o SARS-CoV-2 transformou as casas, os quartos das crianças em salas de aula, podemos dizer que *softwares* e internet mudaram as configurações dos ambientes educacionais usuais. De forma similar, a Internet 5G poderá trazer novas modificações.

Temos que reconhecer que fazer previsões sobre como, quando ou para onde essa crise de saúde causada pelo novo coronavírus irá nos levar é uma tarefa difícil, senão impossível, mesmo com todas as pesquisas que têm sido desenvolvidas. Entretanto, do ponto de vista da Filosofia da Educação Matemática e da Psicologia da Educação Matemática, nos parece oportuno, um convite irrecusável para aprofundarmos o debate sobre o poder de ação de coisas não vivas. Cremos que será relevante também retomar alguns questionamentos, ou até pensar em novas inquietações: quais os papéis e transformações das TD e de outros artefatos originalmente usados em ambientes de sala de aula presenciais quando passam a compor a sala de aula online? Caso a pandemia se estenda por mais tempo, como iremos ressignificar a noção de aprendizagem "cara a cara" e as questões emocionais ligadas ao contato físico (aperto de mão, abraço)? Qual o papel de coisas não vivas, como vírus, *softwares*, lares na maneira pela qual conhecemos e aprendemos Matemática? Como esse *poder de ação* mais *fuzzi* em não humanos pode escancarar a desigualdade social, seus desdobramentos e implicações do ponto de vista educacional? Qual o papel da Educação Matemática para resistirmos à desigualdade no mundo? A abordagem de possíveis "respostas" a estas questões está naturalmente ligada ao ato de filosofar e, portanto, a momentos de reflexões críticas e de reconstrução crítica. O que nos remete imediatamente a outra tendência: a Educação Matemática Crítica.

Educação Matemática Crítica, pandemia e justiça social

A tendência Educação Matemática Crítica é aquela que de forma mais incisiva discute o problema da desigualdade social e outras assimetrias na Educação Matemática e coloca em xeque visões mais "conservadoras" da Matemática como algo encapsulado, sem relação alguma com questões sociais, culturais e políticas. Essa tendência traz à tona questões ambientais, de inclusão social e a cada dia está mais consolidada, tornando-se respeitável e ocupando lugar de destaque na comunidade científica, principalmente, na atual conjuntura em que os indicadores da Forbes apontam o crescimento da desigualdade social na pandemia e de forma muito particular na Educação.

Conforme destacamos anteriormente, em 2020 grande parte das instituições de ensino foram obrigadas a suspender as aulas presenciais. O online se tornou a alternativa mais segura do ponto de vista sanitário. Com isso, veio à tona os problemas de acesso tanto para alunos como para os próprios professores e, como consequência, pode ter ocorrido um agravamento nessa desigualdade.

Nas discussões do primeiro capítulo, apontamos alguns contrastes e desequilíbrios (as desigualdades) no trabalho dos professores durante a pandemia devido à precarização histórica do trabalho docente intensificada pelo poder de ação do SARS-CoV-2. Demandou-se, de fato, um esforço hercúleo dos professores, que em alguns casos não possuíam equipamentos adequados, acesso à internet e nem mesmo haviam recebido formação para trabalhar online e que nessa crise sanitária sentiram a necessidade de pensar em possibilidades pedagógicas diferenciadas. Entretanto, em muitos casos, a simples transferência do "fazer" no modelo presencial para o online foi a única alternativa. Esse uso domesticado aflora a necessidade, do ponto de vista da Educação Matemática Crítica, de lidar com questões relativas à própria formação – inicial e continuada – de professores, que tem, em certa medida, procrastinado, negligenciado ou tratado de forma segregada a participação das TD nos processos de ensino e aprendizagem.

Entretanto, as desigualdades não se restringem ao trabalho dos professores. Conforme salienta Borba (2021), enquanto os pobres lutam contra uma série de barreiras para literalmente sobreviver e ter acesso à Educação Matemática, os "bem-sucedidos" estão cada vez mais ricos, bilionários. Como explicar essa situação com uma função exponencial, por exemplo? Como discutir, com dados estatísticos, o modo como a inflação não atinge igualmente todas as classes sociais? Estas poderão ser questões que a Educação Matemática Crítica terá que abordar pós-pandemia para que seja possível que tanto crianças como adultos tenham a compreensão do que de fato aconteceu.

As *lives* promovidas pelos autores desse livro com o apoio da equipe do GPIMEM e de outros colaboradores ao longo de 2020 e 2021, conforme discutimos no Capítulo 2, ilustram como essas transformações nas agendas das pesquisas da Educação Matemática podem impactar, positivamente e diretamente, nos ambientes escolares e extraescolares nos quais a Educação Matemática acontece. Essas apresentações incluíam a internet, o GeoGebra, a casa do professor, e *softwares* de transmissão. Discussões sobre a Matemática da pandemia deram destaque à curva sigmoide e sua derivada. "A derivada da sigmoide foi usada para explicar porque era possível e importante 'achatar a curva'" (Borba, 2021, p. 13, tradução nossa).

O termo "achatar a curva" se refere à curva de transmissão da COVID-19, conforme mostra o gráfico da Figura 14, que representa uma imagem estática de um pequeno vídeo utilizado em muitas dessas *lives*, bem como o *QR Code* que permite acessar uma animação do gráfico. As discussões desenvolvidas a partir dessas apresentações permitiram aos participantes perceber, por exemplo, que o crescimento mais rápido ou mais lento está associado aos papéis de prevenção, ao status social e aos diferentes tipos de lares. Parece-nos razoável, nesse tipo de debate que tem como uma tendência balizar a Educação Matemática Crítica, uma junção da Matemática com as ideias da pedagogia do oprimido de Paulo Freire (Freire, 1968). Possivelmente, haveria abertura para se buscar entender que tipo de Educação Matemática está sendo experimentada por aqueles que visualizaram as *lives* de forma síncrona ou assíncrona.

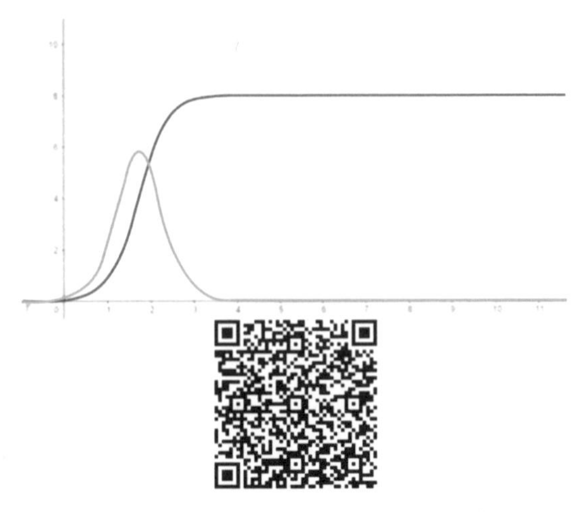

Figura 14: Animação (*gif*) com a sigmoide e sua derivada e o *QR Code* para acesso. Fonte: <https://bit.ly/3GEP9EM>. Acesso em: 9 dez. 2021.

Nessa nova agenda de pesquisa, a Educação Matemática Crítica deve considerar também outros elementos que já apontamos nas outras tendências discutidas, ou seja, o papel da família e das "coisas" (lares, tecnologias, vírus). É importante atentarmos, também, para a própria internet. Em Borba e Souto (2020) e Souto e Borba (2016; 2018) já se iniciou um debate sobre como ela pode contribuir em vários aspectos com a aprendizagem, como

> [...] acessar rapidamente livros e uma infinidade de dados e informações [...]. Ela também favorece a realização de processos interativos simples e relativamente fáceis entre seus pares, o que contribui para o desenvolvimento de trabalhos intelectuais – organização e reorganização de um pensamento coletivo – de forma colaborativa (Borba; Souto, 2020, p. 12).

Entretanto, também chamamos a atenção para o cuidado que devemos ter com a apresentação do conteúdo, tanto do que produzimos como o que sugerimos aos nossos alunos, visto que ele pode transmitir ideias, mensagens e imagens da Matemática como algo desconexo do mundo, algo que tem início e fim em si mesmo. Além disso, é importante perceber que conteúdos produzidos e/ou compartilhados "sem uma leitura crítica" ou um "olhar freireano" podem levar à disseminação de *fake news*, que constituem outro tipo de "vírus" que, em conjunto com outros aspectos, pode ter contribuído para o agravamento da desigualdade social e as discussões sobre o uso das tecnologias digitais em Educação Matemática.

Nos parece urgente o debate sobre as "injustiças" também nos próprios procedimentos adotados nas escolas e nas políticas públicas educacionais. Afinal, em avaliações de larga escala, todos devem ser avaliados da mesma forma, mesmo vivendo em condições econômicas e sociais distintas? Como explicar as relações entre a disseminação do vírus com a redução brusca nas inscrições do Exame Nacional do Ensino Médio (ENEM)? Em que medida isso tem relação com o fechamento das escolas durante a pandemia? Qual a influência da redução da renda familiar e a necessidade de os jovens terem que trabalhar com o agravamento da evasão escolar? Temos aqui, na quinta fase das TD, uma nova agenda, transformada, extensa, mas não esgotada. Ela está imbricada com pelo menos outras duas tendências, e com certeza servirá de inspiração para novas mudanças e novos objetos de pesquisa com a participação de outras tendências em Educação Matemática.

Capítulo 7

O vídeo e o livro

> O *eu* antidialógico, dominador, transforma o *tu* dominado, conquistado, num mero "*isto*". [...] O *eu* dialógico, pelo contrário, sabe que é exatamente o *tu* que o constitui. Sabe também que, constituído por um *tu* – um não-eu –, esse *tu* que o constitui se constitui, por sua vez, como *eu*, ao ter no seu *eu* um *tu*. Desta forma, o *eu* e o *tu* passam a ser, na dialética dessas relações constitutivas, dois *tu* que se fazem dois *eu* (Freire, 1987, p. 184, grifos no original).

A epígrafe que dá início a este livro, reapresentada acima, é um convite à dialogicidade. Reconhecer a diferença, reconhecer o outro, o "tu" é o que me faz "eu". O respeito pelo outro, a amorosidade do nosso patrono da Educação é o que está por trás da citação utilizada. Freire propunha esse diálogo com o educando, com o aluno, com o estudante de diferentes formas. Diálogo este que inclui um ouvir profundo e pode ser entendido por Martin Buber, um dos autores nos quais Freire se apoiava como:

> [...] a inter-ação onde o Eu confirma o Tu em seu ser e é por ele confirmado. O Eu exerce uma ação, atua sobre o Tu e este atua sobre o Eu. Neste encontro se estabelece a alteridade na medida em que existe uma alteração mútua (Buber, 2006, p. 132).

Freire falava muito na constituição do eu pelo tu, pelo não-eu. Não há indícios de que o patrono da Educação brasileira pensasse em coletivos de seres-humanos-com-mídias como unidade de pensamento. Entretanto, é fácil ver o papel que ele via na constituição do ser humano pelas tecnologias, nas fotos dos temas geradores, como aquelas exibidas no apêndice do clássico *Educação como prática da liberdade* (Freire, 1967). A enxada era clássica. Há outras tecnologias que mostravam a ideia de que ser no mundo, para Freire, era ser no mundo também com tecnologias. No antológico projeto de alfabetização de adultos em 40 horas, em Angicos, Rio Grande do Norte, Freire usou o projetor de slides para produzir conhecimento pedagógico em seminários realizados com os educadores e educadoras que iriam dialogar com as pessoas da rural Angicos. No filme *As 40 Horas de Angicos* (Burlan, 2019), que conta a história dessa ação educacional, professores e professoras participantes do projeto relatam que também utilizavam o recurso do projetor de slides em suas aulas, já naqueles tempos de 1962–1963. Com essa tecnologia, projetavam os slides que confeccionavam manualmente com base nas palavras geradoras, ou temas geradores, que caracterizavam o programa de alfabetização idealizado e coordenado por Paulo Freire.

Nesse sentido, a constituição do eu pelo tu pode ser pensada como a constituição do ser humano pela tecnologia, pela mídia. A enxada, o vírus, a tecnologia digital constituída como conceito e como prática pelo humano é também impregnado por suas criações. Assim, o coletivo de seres-humanos-com-mídias, de seres-humanos-com-mídias-lares ou seres-humanos-com-coisas-não-vivas pode ser pensado como unidade de diálogo, unidade de seres-humanos-com-mídias que dialogam com outros coletivos do mesmo tipo. E McLuhan já afirmava que o meio é a mensagem. Ou seja, se pensarmos no diálogo de forma bem ampla, ele envolve a abertura para o outro, para as tecnologias do "tu", também. Assim, usar o vídeo em sala de aula é também reconhecer um meio que é mensagem para uma geração de educandos, e que, de certa forma, se tornou meio-mensagem para todas as gerações!

O vídeo, que transformou as relações no cotidiano em geral, transforma também com atividades como o Festival de Vídeos

Digitais e Educação Matemática a sala de aula, que já se mostrava em movimento há uma década, conforme o subtítulo do livro de Borba, Scucuglia, Gadanidis (2014). Neste livro, que agora termina, livro tematiza o vídeo, e como um livro, um "tu", dialeticamente constitui o "eu" vídeo. O não-tu, em sua mensagem, dialoga com o vídeo e constitui com escrita o que vídeo não é.

Assim, faz sentido escrever um livro sobre vídeo, respondendo a uma das inúmeras perguntas aqui elencadas. A nossa intenção de formular tantas perguntas era diversa, mas se destaca a ideia de propor perguntas que possam motivar pesquisas, mas também dialogar com o leitor de forma mais intensa, fazendo o convite para que ele nos ajudasse a preencher nossa incompletude, aquela que o mestre Paulo Freire dizia ser a razão de continuar vivendo, aquela que nos move, que nos faz estudar de modo rigoroso toda a vida.

Esperamos que este livro, como tecnologia, como produto de um coletivo de Marcelo-Daise-Neil-colegas-com-mídias contribua para a manutenção do diálogo entre gerações, uma marca da Educação (Matemática). Esperamos também que ele livro contribua para a democracia na sala de aula em nosso país em um momento em que se faz necessário valorizar ao máximo diálogo e democracia.

Referências

ALMEIDA, H. R. F. L. Polidocentes-com-Mídias e o Ensino de Cálculo I. 217 f. 2016. Tese (Doutorado em Educação Matemática) - Instituto de Geociências e Ciências Exatas, Universidade Estadual Paulista Júlio de Mesquita Filho, Rio Claro, 2016.

ARAÚJO, J. L.; BORBA, M. C. Construindo pesquisas colaborativamente em educação matemática. In: BORBA, M. C.; ARAÚJO, J. L. (Orgs.). *Pesquisa Qualitativa em Educação Matemática*. 4. ed. Belo Horizonte: Autêntica, 2012. p. 31-51.

ARCAVI, A. From Tools to Resources in the Professional Development of Mathematics Teachers. In: LLINARES, S; CHAPMAN, O. *International Handbook of Mathematics Teacher Education*. 2. ed. v. 2. Leiden: Brill, 2020. p. 421-440.

BAIRRAL, M. A.; ASSIS, A. R. de; SILVA, B. C. *Mãos em ação em dispositivos touchscreen na educação matemática*. 1. ed. Seropédica: Edur, 2015.

BAIRRAL, M. A.; ASSIS, A. R. de; da SILVA, B. C. C. C. *Mãos em ação em dispositivos touchscreen na educação matemática*. 1. ed. Seropédica: Edur, 2016. (E-book).

BALTRUSCHAT, A. A interpretação de filmes segundo o método documentário. In: WELLER, W.; PFAFF, N. (Orgs.). *Metodologias da pesquisa qualitativa em educação: teoria e prática*. Petrópolis: Vozes, 2010. p. 151-181.

BANDURA, A. Human Agency in Social Cognitive Theory. *American Psychologist*, v. 44, n. 9, p. 1175-1184, 1989. DOI: 10.1037/0003-066x.44.9.1175.

BASTOS, F. P. Comunicação. In: STRECK, D. R.; REDIN, E.; ZITKOSKI, J. J. (Orgs.). *Dicionário Paulo Freire*. 2. ed. Belo Horizonte: Autêntica, 2010. p. 78-80.

BASTOS, M. H. C. Do quadro negro à lousa digital: a história de um dispositivo escolar. *Cadernos de História da Educação*, n. 4, p. 133-141, 2005. Disponível em: <http://www.seer.ufu.br/index.php/che/article/view/391>. Acesso em: 9 nov. 2021.

BICUDO, M. A. V. Intersubjetividade e educação. *Didática - Revista Científica da UNESP*, v. 110, n. 15, p. 97-102, 1979.

BICUDO, M. A. V. Mathematics Education Actualized in the Cyberspace: A Philosophical Essay. In: ERNEST, Paul. (Org.). *Philosophy of Mathematics Education Today*. 1. ed. v. 1. Switzerland: Springer, 2018. p. 253-270.

BOHNSACK, R; WELLER, W. O método documentário na análise de grupos de discussão. In: WELLER, W.; PFAFF, N. (Orgs.). *Metodologias da pesquisa qualitativa em educação: teoria e prática*. Petrópolis: Vozes, 2010. p. 67-86.

BORBA, M. C. *Um estudo em etnomatemática: sua incorporação na elaboração de uma proposta pedagógica para o "Núcleo-Escola" da Favela da Vila Nogueira* - São Quirino. 277 f. 1987. Dissertação (Mestrado em Educação Matemática) - Instituto de Geociências e Ciências Exatas, Universidade Estadual Paulista Júlio de Mesquita Filho, Rio Claro, 1987.

BORBA, M. C. Etnomatemática: o homem também conhece o mundo de um ponto de vista matemático. *BOLEMA - Boletim de Educação Matemática*, Rio Claro, v. 3, n. 5, p. 19-34, 1988.

BORBA, M. C. *Students' Understanding of Transformations of Functions Using Multirepresentational Software*. Doctoral thesis. Cornell: Cornell University, 1993.

BORBA, M. C. *Calculadoras gráficas e Educação Matemática*. Rio de Janeiro: Art Bureau, 1999.

BORBA, M. C. Humans-with-media and continuing education for mathematics teachers in online environments. *ZDM - Mathematics Education*, v. 44, p. 801-814, 2012. DOI: 10.1007/s11858-012-0436-8.

BORBA, M. C. The Future of Mathematics Education since COVID-19: Humans-with-media or Humans-with-non-living-things. *Educational Studies in Mathematics*, 2021. DOI: https://doi.org/10.1007/s10649-021-10043-2.

BORBA, M. C. ERME as a Group: Questions to Mould its Identity. In: DREYFUS, T.; ARTIGUE, M.; POTARI. D.; PREDIGER, S.; RUTHVEN, K. (Orgs.). *Developing Research in Mathematics Education: Twenty Years of Communication, Cooperation and Collaboration in Europe*. 1. ed. Londres: Routledge, 2018. p. 1-290.

BORBA, M. C.; ALMEIDA, H. R. F. L.; GRACIAS, T. A. S. *Pesquisa em ensino e sala de aula: diferentes vozes em uma investigação*. Belo Horizonte: Autêntica, 2018.

BORBA, M. C.; ARAÚJO, J. L. (Orgs.). *Pesquisa Qualitativa em Educação Matemática*. 4. ed. Belo Horizonte: Autêntica, 2012.

BORBA, M. C.; CANEDO JUNIOR, N. R. Modelagem matemática com produção de vídeos digitais: reflexões a partir de um estudo exploratório. *Com a palavra, o professor*, v. 5, n. 11, p. 176-189, 2020.

BORBA, M. C.; CHIARI, A. S. S.; ALMEIDA, H. R. F. L. Interactions in Virtual Learning Environments: New Roles for Digital Technology. *Educational Studies in Mathematics*, v. 98, n. 3, p. 269-286, 2018. DOI: https://doi.org/10.1007/s10649-018-9812-9.

BORBA, M. C.; CONFREY, J. A Student's Construction of Transformations of Functions in a Multiple Representational Environment. *Educational Studies in*

Mathematics, v. 31, p. 319-337, 1996.

BORBA, M. C. *et al.* Digital Technology in Mathematics Education: Research over Last Decade. In: KAISER, G. (Ed.). *Proceedings of the 13th International Congress on Mathematical Education: ICME-13*. Nova York: Springer International Publishing, 2016. p. 221-233.

BORBA, M. C.; GRACIAS, T. A. S.; CHIARI, A. S. S. Retratos da pesquisa em Educação Matemática online no GPIMEM: um diálogo assíncrono com quinze anos de intervalo. *Educação Matemática Pesquisa (Online)*, v. 17, p. 843-869, 2015.

BORBA, M. C.; LACERDA, H. D. G. Políticas públicas e tecnologias digitais: um celular por aluno. *Educação Matemática Pesquisa*, São Paulo, v. 17, n. 3, p. 490-507, 2015.

BORBA, M. C.; MALHEIROS, A. P. S.; AMARAL, R. B. *Educação a distância online*. 5. ed. Belo Horizonte: Autêntica, 2021.

BORBA, M. C.; OECHSLER, V. Tecnologias na educação: o uso dos vídeos em sala de aula. *Revista Brasileira de Ensino de Ciência e Tecnologia (RBECT)*, v. 11, n. 2, p. 181-213, 2018. DOI: http://dx.doi.org/10.3895/rbect.v11n2.8434.

BORBA, M. C.; PENTEADO, M. G. *Informática e educação matemática*. 1. ed. Belo Horizonte: Autêntica, 2001.

BORBA, M. C.; SCUCUGLIA, R. S.; GADANIDIS, G. *Fases das tecnologias digitais em educação matemática: sala de aula e internet em movimento*. Belo Horizonte: Autêntica, 2014.

BORBA, M. C.; SKOVSMOSE, O. Ideology of Certainty in Mathematics Education. *For the Learning of Mathematics*, Canadá, v. 17, n. 3, p. 17-23, 1997.

BORBA, M. C.; SOUTO, D. L. Prefácio à quinta edição: pandemia, tecnologias digitais e desigualdade social. In: BORBA, M. C., MALHEIROS, A. P. S.; AMARAL, R. B. *Educação a distância online*. 5. ed. Belo Horizonte: Autêntica, 2020. p. 11-17.

BORBA, M. C.; VILLARREAL, M. E. *Humans-with-media and the Reorganization of Mathematical Thinking: Information and Communication Technologies, Modeling, Experimentation and Visualization*. v. 39. Nova York: Springer International Publishing, 2005.

BRAGAGNOLLO, K. F.; OENNING, W. G.; SOUTO, D. L. P. Tecnologias digitais na licenciatura em matemática: outro zoom. *Perspectivas da Educação Matemática*, v. 13, p. 1-19, 2020. DOI: https://doi.org/10.46312/pem.v13i33.10573.

BUBER, M. *Eu e Tu*. Tradução de Newton Aquiles Von Zuben. 10. ed. São Paulo: Centauro, 2006.

BURLAN, C. *As 40 horas de Angicos*. Bela Filmes, 2019. Disponível em: <https://bit.ly/34pnTfq>. Acesso em: 4 out. 2021.

CAMARGO, M. A. J. G. *Coisas velhas: um percurso de investigação sobre cultura escolar (1928-1958)*. São Paulo: Editora Unesp, 2000. (Coleção Prismas).

CANEDO JUNIOR, N. R. *A participação do vídeo digital nas práticas de modelagem quando o problema é proposto com essa mídia*. 194 f. 2021. Tese (Doutorado em Educação Matemática) – Instituto de Geociências e Ciências Exatas, Universidade Estadual Paulista Júlio de Mesquita Filho, Rio Claro, 2021.

CARR, N. *A Geração Superficial: o que a internet está fazendo com os nossos cérebros*. Tradução de Mônica Gagliotti Fortunato Friaça. Rio de Janeiro: Agir, 2011.

CHIARI, S. S. O papel das tecnologias digitais em disciplinas de álgebra linear a distância: possibilidades, limites e desafios. 206 f. 2015. Tese (Doutorado em Educação Matemática) – Instituto de Geociências e Ciências Exatas, Universidade Estadual Paulista Júlio de Mesquita Filho, Rio Claro, 2015.

CLARK, A.; CHALMERS, D. J. *The Extended Mind*. v. 58, n. 1, p. 7-19. Nova York: Oxford University Press, 1998.

CLARK-WILSON, A; HOYLES, C. A Research-Informed Web-Based Professional Development Toolkit to Support Technology-Enhanced Mathematics Teaching at Scale. *Educational Studies in Mathematics*, v. 102, p. 343-359, 2018.

COSTA, R. F. *O ensino e a aprendizagem da matemática na educação básica: qual o papel das tecnologias digitais?*. 175 f. 2017. Dissertação (Mestrado em Ensino de Ciências e Matemática) – Universidade do Estado de Mato Grosso, Barra do Bugres, 2017.

COSTA, R. F.; SOUTO, D. L. P. *Cartoons* matemáticos com tecnologias digitas. *Educação Matemática Pesquisa*, v. 21, p. 25-48, 2019a.

COSTA, R. F.; SOUTO, D. L. P. Probabilidade-com-*cartoons*: o ponto de vista de alunos do ensino médio inovador. *Educação, Cultura e Sociedade*, v. 9, p. 35-48, 2019b.

D'AMBROSIO, U.; BORBA, M. C. Dynamics of Change of Mathematics Education in Brazil and a Scenario of Current Research. *ZDM - Mathematics Education*, v. 42, p. 271–279, 2010. DOI: https://doi.org/10.1007/s11858-010-0261-x.

DANIELS, H. *Vygotsky e a Pesquisa*. São Paulo: Loyola, 2011.

DAVIDOV, V. V. The Content and Unsolved Problems of Activity Theory. In: 2º Congresso Internacional sobre Teoria da Atividade, Lahti, Finlândia, 1990.

DOMINGUES, N. S. D. *O papel do vídeo nas aulas multimodais de matemática aplicada: uma análise do ponto de vista dos alunos*. 125 f. 2014. Dissertação (Mestrado em Educação Matemática) – Universidade Estadual Paulista Júlio de Mesquita Filho, Rio Claro, 2014.

DOMINGUES, N. S. D.; BORBA, M. C. Compreendendo o I Festival de Vídeos Digitais e Educação Matemática. *Revista de Educação Matemática*, São Paulo, v. 15, n. 18, p. 47-68, 2018.

DOMINGUES, N. S. *Festival de Vídeos Digitais e Educação Matemática: uma complexa rede de Sistemas Seres-Humanos-Com-Mídias*. 279 f. 2020. Tese (Doutorado em Educação Matemática) – Instituto de Geociências e Ciências Exatas, Universidade Estadual Paulista Júlio de Mesquita Filho, Rio Claro, 2020.

DOMINGUES, N. S. D.; BORBA, M. C. Digital Video Festivals and Mathematics: Changes in the Classroom of the 21st Century. *Journal of Educational Research in Mathematics*, v. 31, n. 3, p. 257-275, 2021.

DOMINGUES, N. S. D.; BORBA, M. C. Vídeos digitais nos trabalhos de modelagem matemática. *Educação Matemática em Revista*, v. 22, p. 38-50, 2017.

ENGESTRÖM, Y. *Learning by Expanding: An Activity-Theoretical Approach to Developmental Research*. Helsinki: Orienta-Konsultit, 1987. Disponível em: <https://bit.ly/343BHw4>. Acesso em: 10 dez. 2021.

ENGESTRÖM, Y. *Learning by Expanding: Ten Years After*. 1999. Disponível em: <https://bit.ly/35x2LUR>. Acesso em: 3 out. 2021.

ENGESTRÖM, Y. Expansive Learning at Work: Toward an Activity Theoretical Reconceptualization. *Journal of Education and Work*, v. 14, n. 1, p. 133-156, 2001. DOI: http://dx.doi.org/10.1080/13639080020028747.

ENGESTRÖM, Y. Non scolae sed vitae discimus: como superar a encapsulação da aprendizagem escolar. In: DANIELS, H (Org.). *Uma introdução a Vygotsky*. São Paulo: Loyola, 2002.

ENGELBRECHT, J.; BORBA, M. C.; LLINARES, S.; KAISER, G. Will 2020 be Remembered as the Year in Which Education was Changed?. *ZDM – Mathematics Education*, v. 52, p. 821-824, 2020. DOI: https://doi.org/10.1007/s11858-020-01185-3.

ENGELBRECHT, J.; LLINARES, S.; BORBA, M. C. Transformation of the Mathematics Classroom with the Internet. *ZDM – Mathematics Education*, v. 52, p. 825-841, 2020. DOI: https://doi.org/10.1007/s11858-020-01176-4.

ENGESTRÖM, Y; SANNINO, A. Studies of Expansive Learning: Foundations, Findings and Future Challenges. *Educational Research Review*, v. 5, n. 1, p. 1-24, 2010. DOI: https://doi.org/10.1016/j.edurev.2009.12.002.

ENGESTRÖM, Y; SANNINO, A. Discursive manifestations of contradictions in organizational change efforts: a methodological framework. *Journal of Organizational Change Management*, v. 24, n. 3, p. 368-387, 2011.

ENGESTRÖM, Y.; SANNINO, A. From Mediated actions to Heterogenous Coalitions: Four Generations of Activity-Theoretical Studies of Work and Learning. *Mind, Culture, and Activity*, v. 28, 2021.

FARIA JR. M. *Chico – Artista Brasileiro*. Globo Filmes/1001 Filmes, 2015. Disponível em: <https://glo.bo/3rfFP53>. Acesso em: 1 out. 2021.

FERRÉS, J. *Vídeo e educação*. Tradução de Juan Acuña Llorens. 2. ed. Porto Alegre: Artes Médicas, 1996.

FONTES, B. C. *Vídeo, comunicação e educação matemática: um olhar para a produção dos licenciandos em matemática da educação a distância.* 191 f. 2019. Dissertação (Mestrado em Educação Matemática) - Instituto de Geociências e Ciências Exatas, Universidade Estadual Paulista Júlio de Mesquita Filho, Rio Claro, 2019.

FRANKENSTEIN, M. Critical Mathematics Education: An Application of Paulo Freire's Epistemology. *The Journal of Education*, v. 165, n. 4, p. 315-339, 1983.

FREIRE, P. *Educação como prática de liberdade*. Rio de Janeiro: Paz e Terra, 1967.

FREIRE, P. *Pedagogia do oprimido*. *Facsimile* digitalizado (Manuscritos). São Paulo: Instituto Paulo Freire, 1968.

FREIRE, P. *Pedagogia do oprimido*. 17. ed. Rio de Janeiro: Paz e Terra, 1987.

FREIRE, P. *Pedagogia da autonomia: saberes necessários à prática educativa*. 14. ed. São Paulo: Paz e Terra, 1996.

FREIRE, P. *Extensão ou comunicação?*. 15. ed. São Paulo: Paz e Terra, 2011.

FREIRE, P. *À sombra desta mangueira*. 11. ed. São Paulo: Paz e Terra, 2015.

FREITAS, A. Z. S.; PRETTO, N. L. Tecnologias digitais e formação inicial de professores: práticas docentes no curso de licenciatura em Ciências Biológicas do IFAM. *EDUCA - Revista Multidisciplinar em Educação*, v. 4, p. 66-82-82, 2017.

FREITAS, D. S. *A construção de vídeos com YouTube: contribuições para o ensino e aprendizagem de matemática*. 109 f. 2012. Dissertação (Mestrado em Ensino de Ciências e Matemática) - Universidade Luterana do Brasil, Canoas, 2012.

GALLEGUILLOS, J. E. B. *Modelagem matemática na modalidade online: análise segundo a teoria da atividade*. 215 f. 2016. Tese (Doutorado em Educação Matemática) - Instituto de Geociências e Ciências Exatas, Universidade Estadual Paulista Júlio de Mesquita Filho, Rio Claro, 2016.

GOLDIN, G.; SHTEINGOLD, N. Systems of Representations and the Development of Mathematical Concepts. In: CUOCO, A. A.; CURCIO, F. R. *The Roles of Representation in Schools Mathematics*. Reston: NCTM, 2001. p. 1-23.

GVIRTZ, S. *El discurso escolar a través de los cuadernos de clase*. 312 f. 1996. Tese (Doutorado em Ciências da Educação) - Instituto de Investigaciones em Ciencias de la Educación, Universidad Nacional de Buenos Aires, Buenos Aires (AG), 1996.

GVIRTZ, S. *Del curriculum prescrito al curriculum enseñado: una mirada a los cuadernos de classe*. Buenos Aires: Aique, 1997.

HALLIDAY, M. A. K. Towards a Language-Based Theory of Learning. *Linguistics and Education*, v. 5, n. 2, p. 93-116, 1993. DOI: https://doi.org/10.1016/0898-5898(93)90026-7.

HARDMAN, J. Making Sense of the Meaning Maker: Tracking the Object of Activity in a Computer-Based Mathematics Lesson Using Activity Theory. *International Journal of Education and Development Using ICT*, University of Cape Town, South Africa, v. 3, n. 4, 2007.

HOLZMAN, L. What Kind of Theory is Activity Theory?. *Theory & Psychology*, v. 16, n.1, p. 6-11, 2006.

IAMARINO, A. Estamos ficando mais burros? Nerdologia/Youtube, 2014. Disponível em: <https://bit.ly/3ALUmsd>. Acesso em: 28 set. 2021.

JACINTO, H.; CARREIRA, S. Mathematical Problem Solving with Technology: the Techno-Mathematical Fluency of a Student-with-GeoGebra. *International Journal of Science and Mathematics Education*, Springer, v. 15, 2016.

JAVARONI, S. L.; ZAMPIERI, M. T. *Tecnologias digitais nas aulas de matemática: um panorama acerca das escolas públicas do estado de São Paulo*. 2. ed. São Paulo: Editora Livraria da Física, 2019.

JEWITT, C.; BEZEMER, J.; O'HALLORAN, K. *Introducing Multimodality*. Nova York: Routledge, 2016.

KAPTELININ, V. The Object of Activity: Making Sense of the Sense-Maker. *Mind, Culture and Activity*, v. 12, n. 1, p. 4-18, 2005.

KAPTELININ, V.; NARDI, B. *Acting with Technology: Activity Theory and Interaction Design*. Londres: MIT Press, 2006.

KAPUT, J. J. The Representational Roles of Technology in Connecting Mathematics with Authentic Experience. In: BIEHLER, R. *et al. Didactics of Mathematics as a Scientific Discipline*. Netherlands: Kluwer Academic Publishers, 1993. p. 379-397.

KENSKI, V. M. *Educação e tecnologias: o novo ritmo da informação*. 9. ed. Campinas: Papirus, 2012.

KENSKI, V. M.; MEDEIROS, R.; ORDEAS, J. Ensino superior em tempos mediados pelas tecnologias digitais. *Trabalho & Educação*, v. 28, p. 141-152, 2019.

KOVALSCKI, A. N. *Produção de vídeo e etnomatemática: representações de geometria no cotidiano do aluno*. 193 f. 2019. Dissertação (Mestrado em Educação Matemática) – Instituto de Física e Matemática, Universidade Federal de Pelotas, Pelotas, 2019.

KRESS, G. *Multimodality: A Social Semiotic Approach to Contemporary Communication*. Nova York: Routledge, 2010.

LATOUR, B. *A esperança de Pandora*. Tradução Gilson César Cardoso de Sousa. Bauru: EDUSC, 2001.

LATOUR, B. Is this a Dress Rehearsal?. 2020. Disponível em: <https://bit.ly/3ucjGqf>. Acesso em: 10 dez. 2021.

LAVE, J. *Cognition in Practice*. Cambridge: Cambrigne University Press, 1988.

LEONTIEV, A. N. The Problem of Activity in Psychology. In: WERTSCH. J. V. (Ed.) *The Concept of Activity in Soviet Psychology*. Nova York: M. E. Sharpe. Inc., 1981.

LÉVY, P. *As tecnologias da inteligência: o futuro do pensamento na era da informática*. Tradução de Carlos Irineu da Costa. São Paulo: Editora 34, 1993.

LIMA, V. S. A.; SOUTO, D. L. P.; KOCHHANN, M. E. R. Tecnologias digitais no ensino superior: um zoom. *Revista Prática Docente*, v. 2, n. 2, p. 138-157, 2017. DOI: 10.23926/RPD.2526-2149.2017.v2.n2.p138-157.id68.

MANNHEIM, K. *Beiträge zur Theorie der Weltanschaungsinterpretation. Wissenssoziologie*. Luchterhand: Neuwied, 1964. p. 91-154. (Em inglês: *Essays on the Sociology of Knowledge*. Londres: Routledge; Kegan Paul, 1952. p. 33-83.)

MCLUHAN, M. *Understanding Media: The Extensions of Man*. Cambridge: MIT Press, 1994.

MENGHINI, F. *et al. The First Century of the International Commission on Mathematical Instruction (1908-2008): Reflecting and Shaping the World of Mathematics Education*. [s/l]: Istituto Della Enciclopedia Italiana, 2008.

MEYER, J. F. C. A.; CALDEIRA, A. D.; MALHEIROS, A. P. S. *Modelagem em Educação Matemática*. 4. ed. Belo Horizonte: Autêntica, 2019.

MITCHAM, C. *Thinking about Technology: The Path Between Engineering and Philosophy*. Nova York: University of Chicago Press, 1994.

NEVES, L. X. *Intersemioses em vídeos produzidos por licenciandos em Matemática da UAB*. 304 f. 2020. Tese (Doutorado em Educação Matemática) – Instituto de Geociências e Ciências Exatas, Universidade Estadual Paulista Júlio de Mesquita Filho, Rio Claro, 2020.

NEVES, L. X. *et al.* I Festival de Vídeos Digitais e Educação Matemática: uma classificação. *Jornal Internacional De Estudos Em Educação Matemática*, v. 13, p. 06-16, 2020.

O'HALLORAN, K. L. Historical Changes in the Semiotic Landscape: From Calculation to Computation. In: JEWITT, C. *The Routledge Handbook of Multimodal Analysis*. Nova York: Routledge, 2011. p. 98-113.

O'HALLORAN, K. L.; LIM-FEI, V. Systemic Functional Multimodal Discourse Analysis. In: NORRIS, S.; MAIER, C. D. (Orgs.). *Interactions, Images and Texts: A Reader in Multimodality*. Berlim: De Gruyter, 2014. p. 137-153.

OECHSLER, V. *Comunicação multimodal: produção de vídeos em aulas de Matemática*. 311 f. 2018. Tese (Doutorado em Educação Matemática) – Instituto de Geociências e Ciências Exatas, Universidade Estadual Paulista Júlio de Mesquita Filho, Rio Claro, 2018.

OECHSLER, V.; BORBA, M. C. Mathematical Videos, Social Semiotics and the Changing Classroom. *ZDM - Mathematics Education*, v. 52, p. 989-1001, 2020. DOI: https://doi.org/10.1007/s11858-020-01131-3.

OLIVEIRA, L. P. F. *Paulo Freire e produção de vídeos em educação matemática: uma experiência nos anos finais do ensino fundamental.* 106 f. 2018. Dissertação (Mestrado em Educação Matemática) - Instituto de Geociências e Ciências Exatas, Universidade Estadual Paulista Júlio de Mesquita Filho, Rio Claro, 2018.

PARAIZO, R. F. *Aprendizagem pela modelagem matemática associada a questões ambientais num contexto de produção de vídeos no ensino médio.* 344 f. 2018. Tese (Doutorado em Educação para a Ciência) - Faculdade de Ciências, Universidade Estadual Paulista, Bauru, 2018.

PINTO, Á. V. *O conceito de tecnologia.* v. 1. Rio de Janeiro: Contraponto, 2005.

PRAZERES, I. M. S.; OLIVEIRA, C. A. Dispositivos móveis e gamificação nas aulas de Matemática. In: EDITORA POISSON (Org.). *Educação no século XXI?*. 1 ed. v. 7. Belo Horizonte: Poisson, 2018. p. 20-24.

PRETTO, N. L.; AVANZO, H. Educação e arquitetura na era digital: um estudo sobre a expansão das instituições federais de ensino superior em Barreiras-Bahia. *Revista Espaço Pedagógico*, v. 25, p. 190-202, 2018.

REDIN, E.; ZITKOSKI, J. J. (Orgs.). *Dicionário Paulo Freire.* 2. ed. Belo Horizonte: Autêntica, 2010.

RODRIGUES, A.; ALMEIDA, M. E. B.; VALENTE, J. A. Currículo, narrativas digitais e formação de professores: experiências da pós-graduação à escola. *Revista Portuguesa de Educação*, v. 30, p. 61-83, 2017.

ROSA, M. Cyberformação com professores de Matemática: desvelando práticas de forma/ação que podem vir ao encontro da insubordinação criativa. In: D'AMBROSIO, B. S.; LOPES, C. E. (Orgs.). *Ousadia criativa nas práticas de educadores matemáticos.* 1. ed. v. 1. Campinas: Mercado das Letras, 2015a. p. 221-246.

ROSA, M. Cyberformação com professores de Matemática: interconexões com experiências estéticas na cultura digital. In: ROSA, M.; BAIRRAL, M. A.; AMARAL, R. B. A. (Orgs.). *Educação matemática, tecnologias digitais e educação matemática: pesquisas contemporâneas.* 1. ed. v. 1. São Paulo: Livraria da Física, 2015b. p. 57-96.

SANTA RAMIREZ, Z. M. *Producción de conocimiento geométrico escolar en un colectivo de professores-com-doblado-de-papel.* 389 f. 2016. Tese (Doutorado em Educação) - Facultad de Educaión, Universidad de Antioquia, Antioquia (CO), 2016.

SARTORI, J. Educação bancária/educação problematizadora. In: STRECK, R. D.; REDIN, E.; ZITKOSKI, J. J. (Orgs.). *Dicionário Paulo Freire.* 2. ed. Belo Horizonte: Autêntica, 2010.

SCHULZBACH, L. M. *Produção de vídeos digitais no LEM com professores da educação básica para o ensino de Matemática.* 320 f. 2021. Dissertação (Mestrado em Ensino de Ciências e Matemática) - Universidade do Estado de Mato Grosso, Barra do Bugres, 2021.

SCUCUGLIA, R. R. S. *On the Nature of Students' Digital Mathematical Performance.* 2012. Tese (Doutorado em Educação) - University of Western Ontário, London, 2012.

SCUCUGLIA, R. R. S.; GADANIDIS, G.; BORBA, M. C. Lights, Camera, Math! The F-Pattern News. In: WIEST, L. R.; LAMBERG, T. (Orgs.). *Proceedings of the 33rd Annual Meeting of the North American Chapter of the International Group for the Psychology of Mathematics Education.* Reno: University of Nevada, 2011. p. 1758-1766.

SILVA, J. B. *Políticas de formação continuada aos professores dos anos iniciais de mato grosso para o uso pedagógico das tecnologias digitais no ensino de ciências.* 143 f. 2017. Dissertação (Mestrado em Ensino de Ciências e Matemática) - Universidade do Estado de Mato Grosso, Barra do Bugres, 2017.

SILVA, P. O. *Contradições internas no curso Lic-Toon: produção de cartoons digitais na formação inicial de matemática.* 139 f. 2019. Dissertação (Mestrado em Ensino de Ciências e Matemática) - Universidade do Estado de Mato Grosso, Barra do Bugres, 2019.

SILVA, S. R. P. *Vídeos de conteúdo matemático na formação inicial de professores de Matemática na modalidade a distância.* 248 f. 2018. Tese (Doutorado em Educação Matemática) - Instituto de Geociências e Ciências Exatas, Universidade Estadual Paulista Júlio de Mesquita Filho, Rio Claro, 2018.

SKOVSMOSE, O. *Towards a Philosophy of Critical Mathematics Education.* Dordrecht: Springer Netherlands, 1994.

SKOVSMOSE, O.; BORBA, M. C. Research Methodology and Critical Mathematics Education. In: VALERO, P.; ZEVENBERGEN, R. (Orgs.). *Researching the Socio-political Dimensions of Mathematics Education: Issues of Power in Theory and Methodology.* Dordrecht: Kluwer, 2004. p. 207-226.

SOARES, L. G. *Imagens virtuais e atividades matemáticas: um estudo envolvendo representação semiótica em uma* fanpage *do facebook.* 2019. Dissertação (Mestrado em Ensino de Ciências e Educação Matemática) - Universidade Estadual da Paraíba, Campina Grande, 2019.

SOUTO, D. L. P. *Transformações expansivas em um curso de educação matemática a distância online.* 279 f. 2013. Tese (Doutorado em Educação Matemática) - Instituto de Geociências e Ciências Exatas, Universidade Estadual Paulista Júlio de Mesquita Filho, Rio Claro, 2013.

SOUTO, D. L. P. *Transformações expansivas na produção matemática online.* 1. ed. v. 1. São Paulo: Editora Unesp, 2014.

SOUTO, D. L. P. Aprendizagem matemática online: quando tensões geram conflitos. *Educação Matemática Pesquisa*, São Paulo, v. 17, n. 5, p. 942-972, 2015a.

SOUTO, D. L. P. O uso de vodcasts na disciplina de cálculo diferencial e integral: o ponto de vista dos alunos. In: *Anais da Conferência Interamericana de Educação Matemática*, Tuxtla Gutiérrez, Chiapas, México, 14, 2015b. p. 1-12.

SOUTO, D. L. P.; ARAÚJO, J. L. Possibilidades expansivas do sistema Seres-humanos-com-mídias: um encontro com a Teoria da Atividade. In: BORBA, M. C.; CHIARI, A. (Orgs.). *Tecnologias digitais e educação matemática*. São Paulo: Editora Livraria da Física, 2013. p. 71-87.

SOUTO, D. L. P.; BORBA, M. C. Seres-humanos-com-internet ou internet-com-seres humanos: uma troca de papéis?. *Revista Latinoamericana de Investigación en Matemática Educativa*, v. 19, n. 2, 2016. DOI: https://dx.doi.org/10.12802/relime.13.1924.

SOUTO, D. L. P.; BORBA, M. C. Humans-with-Internet or Internet-with-Humans: A Role Reversal?. *Revista Internacional de Pesquisa em Educação Matemática*, v. 8, n. 3, p. 2-23, 2018. Disponível em: <https://bit.ly/3GaIEZf>. Acesso em: 9 nov. 2021.

SOUZA, A. D. *Vídeo digital: análise de sua aplicação como objeto de aprendizagem*. 99 f. 2012. Dissertação (Mestrado em Comunicação e Informação) – Universidade Federal do Rio Grande do Sul, Porto Alegre, 2012.

SOUZA, J. *Subcidadania brasileira: para entender o país além do jeitinho brasileiro*. Rio de Janeiro: LeYa, 2018.

SOUZA, M. B. *Vídeos digitais produzidos por licenciandos em matemática a distância*. 242 f. 2021. Tese (Doutorado em Educação Matemática) – Instituto de Geociências e Ciências Exatas, Universidade Estadual Paulista Júlio de Mesquita Filho, Rio Claro, 2021.

SUNG, J. M. Liberdade. In: STRECK, D. R.; REDIN, E.; ZITKOSKI, J. J. (Orgs.). *Dicionário Paulo Freire*. 2. ed. Belo Horizonte: Autêntica, 2010. p. 117-118.

TEIXEIRA, A. Mestres de amanhã. *Revista Brasileira de Estudos Pedagógicos*, Rio de Janeiro, v. 40, n. 92, p. 10-19, 1963. Disponível em: <https://bit.ly/3IUxz0u>. Acesso em: 10 dez. 2021.

TIBURI, M. *Como conversar com um fascista: reflexões sobre o cotidiano autoritário brasileiro*. 1. ed. v. 1. Rio de Janeiro: Record, 2015.

TIKHOMIROV, O K. The Psychological Consequences of Computarization. In: WERTSCH, J. V. (Ed.). *The Concept of Activity in Soviet Psychology*. Nova York: M. E. Sharpe, 1981. p. 256-278.

VALENTE, J. A. Tecnologias e Educação a Distância no Ensino Superior: uso de metodologias ativas na graduação. *Trabalho & Educação* (UFMG), v. 28, p. 97-113, 2019.

VALENTE, J. A. The Use of Computers with Disadvantaged Children. In: HALLAHAN, D. P. (Orgs.). *Special Education in Latin America: Experiences and Issues*. Westport, Cunnecticut: Greenwood Publishing Group, 1995. p. 122-188.

VALENTE, J. A. *Computadores e conhecimento: repensando a educação*. Campinas: NIED/UNICAMP/Gráfica Central UNICAMP, 1993.

VAN LEEUWEN, T. *Introducing Social Semiotics*. Nova York: Taylor & Francis E-Library, 2005.

VANOYE, F.; GOLIOT-LÉTÉ, A. *Ensaio sobre a análise fílmica*. Campinas: Papirus, 1994.

VILLARREAL, M.; BORBA, M. C. Collectives of Humans-with-Media in Mathematics Education: Notebooks, Blackboards, Calculators, Computers and Notebooks Throughout 100 years of ICMI. *ZDM - Mathematics Education*, v. 42, p. 49-62, 2010. DOI: https://doi.org/10.1007/s11858-009-0207-3.

WAGNER, H. *Fenomenologia e relações sociais – textos escolhidos de Alfred Schutz*. Tradução de Angela Melin. Rio de Janeiro: Zahar Editores, 1979.

WALSH, M. *Multimodal Literacy: Researching Classroom Practice*. Austrália: Primary English Teaching Association, 2011.

ZITKOSKI, J. J. Diálogo/Dialogicidade. In: STRECK, D. R.; REDIN, E. (Orgs.). *Dicionário Paulo Freire*. 2. ed. Belo Horizonte: Autêntica, 2010. p. 117-118.

Outros títulos da coleção

Tendências em Educação Matemática

- **Afeto em competições matemáticas inclusivas: a relação dos jovens e suas famílias com a resolução de problemas**
  Autoras: *Nélia Amado, Susana Carreira e Rosa Tomás Ferreira*
- **Álgebra para a formação do professor: explorando os conceitos de equação e de função**
  Autores: *Alessandro Jacques Ribeiro e Helena Noronha Cury*
- **A matemática nos anos iniciais do ensino fundamental: tecendo fios do ensinar e do aprender**
  Autoras: *Adair Mendes Nacarato, Brenda Leme da Silva Mengali e Cármen Lúcia Brancaglion Passos*
- **Análise de erros: o que podemos aprender com as respostas dos alunos**
  Autora: *Helena Noronha Cury*
- **Aprendizagem em Geometria na educação básica: a fotografia e a escrita na sala de aula**
  Autores: *Cleane Aparecida dos Santos e Adair Mendes Nacarato*
- **Brincar e jogar: enlaces teóricos e metodológicos no campo da Educação Matemática**
  Autor: *Cristiano Alberto Muniz*
- **Da etnomatemática a arte-design e matrizes cíclicas**
  Autor: *Paulus Gerdes*
- **Descobrindo a Geometria Fractal: para a sala de aula**
  Autor: *Ruy Madsen Barbosa*
- **Diálogo e aprendizagem em Educação Matemática**
  Autores: *Helle Alrø e Ole Skovsmose*
- **Didática da Matemática: uma análise da influência francesa**
  Autor: *Luiz Carlos Pais*
- **Educação a Distância online**
  Autores: *Marcelo de Carvalho Borba, Ana Paula dos Santos Malheiros e Rúbia Barcelos Amaral Zulatto*

- **Educação Estatística: teoria e prática em ambientes de modelagem matemática**
  Autores: *Celso Ribeiro Campos, Maria Lúcia Lorenzetti Wodewotzki e Otávio Roberto Jacobini*
- **Educação matemática de jovens e adultos: especificidades, desafios e contribuições**
  Autora: *Maria da Conceição F. R. Fonseca*
- **Educação matemática e educação especial: diálogos e contribuições**
  Autores: *Ana Lúcia Manrique e Elton de Andrade Viana*
- **Etnomatemática: elo entre as tradições e a modernidade**
  Autor: *Ubiratan D'Ambrosio*
- **Etnomatemática em movimento**
  Autoras: *Gelsa Knijnik, Fernanda Wanderer, Ieda Maria Giongo e Claudia Glavam Duarte*
- **Fases das tecnologias digitais em Educação Matemática: sala de aula e internet em movimento**
  Autores: *Marcelo de Carvalho Borba, Ricardo Scucuglia Rodrigues da Silva e George Gadanidis*
- **Filosofia da Educação Matemática**
  Autores: *Maria Aparecida Viggiani Bicudo e Antonio Vicente Marafioti Garnica*
- **Formação matemática do professor: licenciatura e prática docente escolar**
  Autores: *Plínio Cavalcanti Moreira e Maria Manuela M. S. David*
- **História na Educação Matemática: propostas e desafios**
  Autores: *Antonio Miguel e Maria Ângela Miorim*
- **Informática e Educação Matemática**
  Autores: *Marcelo de Carvalho Borba e Miriam Godoy Penteado*
- **Interdisciplinaridade e aprendizagem da Matemática em sala de aula**
  Autores: *Vanessa Sena Tomaz e Maria Manuela M. S. David*
- **Investigações matemáticas na sala de aula**
  Autores: *João Pedro da Ponte, Joana Brocardo e Hélia Oliveira*
- **Lógica e linguagem cotidiana: verdade, coerência, comunicação, argumentação**
  Autores: *Nílson José Machado e Marisa Ortegoza da Cunha*

- **Matemática e Arte**
  Autor: *Dirceu Zaleski Filho*
- **Modelagem em Educação Matemática**
  Autores: *João Frederico da Costa de Azevedo Meyer, Ademir Donizeti Caldeira e Ana Paula dos Santos Malheiros*
- **O uso da calculadora nos anos iniciais do ensino fundamental**
  Autoras: *Ana Coelho Vieira Selva e Rute Elizabete de Souza Borba*
- **Pesquisa em ensino e sala de aula: diferentes vozes em uma investigação**
  Autores: *Marcelo de Carvalho Borba, Helber Rangel Formiga Leite de Almeida e Telma Aparecida de Souza Gracias*
- **Pesquisa Qualitativa em Educação Matemática**
  Organizadores: *Marcelo de Carvalho Borba e Jussara de Loiola Araújo*
- **Psicologia na Educação Matemática**
  Autor: *Jorge Tarcísio da Rocha Falcão*
- **Relações de gênero, Educação Matemática e discurso: enunciados sobre mulheres, homens e matemática**
  Autoras: *Maria Celeste Reis Fernandes de Souza e Maria da Conceição F. R. Fonseca*
- **Tendências internacionais em formação de professores de Matemática**
  Organizador: *Marcelo de Carvalho Borba*

Este livro foi composto com tipografia Minion Pro e

impresso em papel Off-White 70 g/m² na Formato Artes Gráficas.